电子技术基础实验教程

朱守业　主　编
杨　成　副主编

電子工業出版社
Publishing House of Electronics Industry
北京·BEIJING

内 容 简 介

本书是《电子技术基础简明教程》的配套实验教材。全书共分 3 章：第 1 章电路基础实验，第 2 章模拟电路实验，第 3 章数字电路实验。与其他同类实验教材相比，本书充分考虑了无电路实验基础的学生的实际情况，所列实验内容除常规电子技术基础实验外，还包括了电路基础实验和频率变换实验，内容编排按教学进程，由浅入深。同时为方便学生使用，每一个实验电路均给出形象、直观的仪器设备连接示意图。

本书可作为非电子和非通信类专业的本科、专科学生学习电子技术基础课程的实验教材，同时也可作为电子和通信类专业的本科、专科学生，以及工程技术人员的学习和参考用书。

图书在版编目（CIP）数据

电子技术基础实验教程 / 朱守业主编. —北京：电子工业出版社，2008.6
ISBN 978-7-121-06752-5

Ⅰ. 电…　Ⅱ. 朱…　Ⅲ. 电子技术－实验－教材　Ⅳ. TN-33

中国版本图书馆 CIP 数据核字（2008）第 087264 号

责任编辑：张　旭　　特约编辑：李云霞
印　　刷：北京京师印务有限公司
装　　订：北京京师印务有限公司
出版发行：电子工业出版社
　　　　　北京市海淀区万寿路 173 信箱　邮编：100036
开　　本：787×1092　1/16　印张：6.75　字数：173 千字
版　　次：2008 年 6 月第 1 版
印　　次：2017 年 2 月第 2 次印刷
定　　价：19.80 元

凡所购买电子工业出版社图书有缺损问题，请向购买书店调换。若书店售缺，请与本社发行部联系，联系及邮购电话：（010）88254888，88258888。

质量投诉请发邮件至 zlts@phei.com.cn，盗版侵权举报请发邮件至 dbqq@phei.com.cn。

本书咨询联系方式：（010）88254511，zlf@phei.com.cn。

前　言

随着社会对人才需求的不断变化和高校对学生培养目标的提高，当代大学生不仅需要掌握基本理论知识，而且还要掌握基本实践技能和具备一定的科研能力。通过实验能够巩固和加深学生对基本理论知识的理解和应用，从而培养学生的实践创新能力。

像教育技术学这种文理交叉专业，没有开设相关电路基础实验，学生在进行该课程实验内容的学习时，感到非常吃力。如何让没有电路实验基础的学生快速掌握电子技术实验的基本技能，减少学生实验过程中的错误率和畏难情绪，是我们在教学过程中一直关注和思考的问题。为此，我们针对这类学生的知识基础和实际需要，同时根据《电子技术基础简明教程》的内容，组织编写了这本《电子技术基础实验教程》。

本书是《电子技术基础简明教程》的配套实验教材。全书共分3章，第1章电路基础实验，内容包括常用电子仪器的使用、常用无源器件的测量、基尔霍夫定律和叠加定理、戴维南定理、LC谐振回路；第2章模拟电路实验，内容包括晶体管特性测试、基本放大电路、负反馈放大电路、运算放大电路、功率放大电路、正弦波振荡电路、直流稳压电源、调幅与检波；第3章数字电路实验，内容包括门电路逻辑功能测试、组合逻辑电路设计、译码器、触发器、计数器。本书内容编排按教学进程，由浅入深，每个实验均给出实验目的、实验原理、实验时数、实验设备及元器件、实验预习、实验内容及步骤、实验报告、实验思考等要求，并给出形象、直观的仪器设备连接示意图。

本书在酝酿和编写过程中得到了徐州师范大学王太昌教授的悉心指导，王教授对书稿进行了详细的审阅，并提出了很多宝贵建议。南京师范大学博士生导师李艺教授也为本书的编写提出了许多宝贵意见。王劲松老师、刘艳玲老师、邵敏老师、戴新宇老师、柳素芬老师多次参加本书的讨论工作。研究生杨琼、花雅玲等为本书的图、表做了大量的辅助工作。徐州师范大学科技处处长蔡国春教授、信息传播学院院长陈琳教授为本书的编写提供了大力支持。正是这么多的支持和帮助，才使本书顺利出版发行，在此表示衷心的感谢。

由于编者水平有限，缺点和错误在所难免，敬请广大读者批评指正。

编　者

2008年3月于彭城

目　　录

第 1 章　电路基础实验

实验一　常用电子仪器的使用

一、实验目的

（1）了解示波器的基本测量原理，熟悉示波器的各主要开关和旋钮的使用方法。

（2）熟悉函数信号发生器、交流毫伏表、万用表的基本使用方法。

（3）掌握用示波器测量电压幅值、频率的方法。

（4）掌握用交流毫伏表、万用表测量电压幅值的方法。

二、实验原理

电子技术测量中最常用的电子仪器包括示波器、函数信号发生器，直流电源、万用表、交流毫伏表等，它们的主要用途关系如图 1-1 所示。

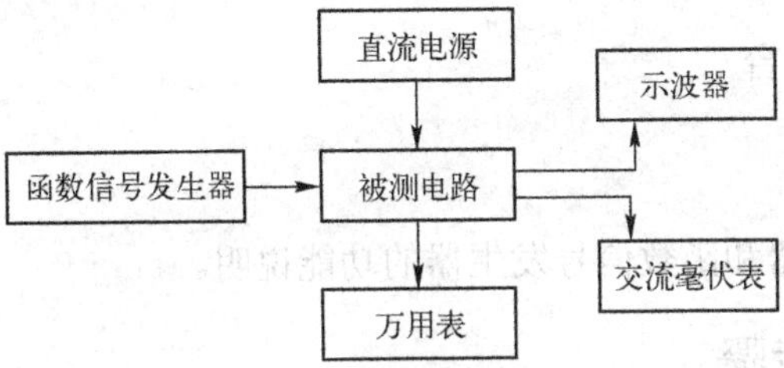

图 1-1　常用电子仪器用途关系图

直流电源为被测电路提供电能。函数信号发生器为被测电路提供输入信号，比如正弦波、方波、三角波，其信号的频率和幅度均可调节。万用表测量电路中某两点之间的电压（交流或直流）或某支路的电流（交流或直流）。交流毫伏表测量电路中某两点之间的交流电压，对于正弦波其表头指示的是信号有效值，对于方波和三角波，其表头指示的是信号平均值，此值通过换算关系可求得信号的有效值。

示波器能测量电路中某点的信号电压波形，通过波形可以测量信号的幅度、周期（频率）。双踪示波器可以同时显示两个信号的波形，并由此测量两个信号的相位差。若某正弦波信号的测量波形如图 1-2 所示。

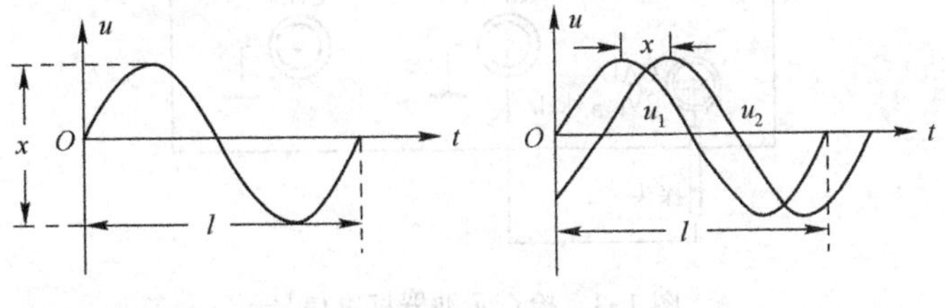

图 1-2　某正弦波信号的测量波形

则该正弦波信号周期、幅度（峰-峰值）和相位差的计算公式为：

周期： $T = l \times \mathrm{S/DIV}$ （1-1）

幅度（峰-峰值）： $U_{P-P} = h \times \mathrm{V/DIV}$ （1-2）

u_2 和 u_1 的相位差： $\varphi = \dfrac{x}{l} \times 360^\circ$ （1-3）

若用示波器测得的某信号波形电压峰-峰值为 U_{P-P}，则不同波形对应的有效值 U 的计算公式为：

正弦波： $U = U_{P-P}/2\sqrt{2}$ （1-4）

方波： $U = U_{P-P}/2$ （1-5）

三角波： $U = 1.15U_{P-P}/4 \approx 0.29U_{P-P}$ （1-6）

三、实验时数：4 学时

四、实验设备及元器件

双踪示波器：1 台

指针式万用表：1 块

函数信号发生器：1 台

交流毫伏表：1 块

模拟电路实验箱：1 台

五、实验预习

预习附录 D 中示波器和函数信号发生器的功能说明。

六、实验内容及步骤

1．示波器、函数信号发生器的使用练习

1）熟悉示波器各旋钮的作用

将示波器电源接通，调节有关旋钮，使示波器屏幕上出现扫描线，熟悉“灰度”、“聚焦”、“垂直位移”、“水平位移”及“幅度衰减”等旋钮的作用。

2）检查示波器标准信号

示波器本身有 1kHz 的标准方波输出信号，用于检查示波器的工作状态。将 CH1 通道输入探头接至校准信号的输出端子上，如图 1-3 所示。

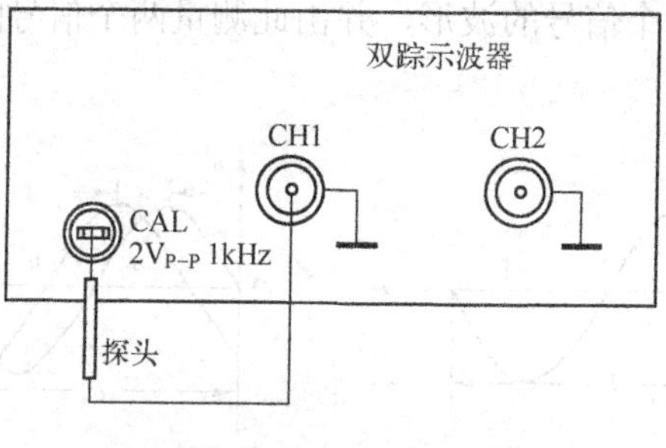

图 1-3 检查示波器标准信号

设示波器输出的标准信号峰-峰值幅度为 2V，按表 1-1 调节示波器的控制旋钮以显示稳定方波。若波形在垂直方向占 4 格，波形的一个周期在水平方向占 5 格，说明示波器的工作基本正常。

表 1-1　检查示波器标准信号时各旋钮位置

控制件名称	旋 钮 位 置	控制件名称	旋 钮 位 置
亮度	适中	扫描方式	AUTO
聚焦	适中	扫描速率	0.2ms/DIV
水平和垂直位移	适中	扫描微调	校准位置 CAL
垂直工作方式	CH1		
输入耦合方式	AC		
幅度衰减	0.5V/DIV		
幅度微调	校准位置 CAL		

3）用示波器测量直流电源的输出电压

按表 1-2 要求调节示波器的控制开关，示波器屏幕上显示一条水平扫描线，调节“垂直位移”，使示波器屏幕上显示的水平扫描线处于适当位置，以此作为测量电压的“基准”。

表 1-2　用示波器测量直流电源输出电压时各旋钮位置

控制件名称	旋 钮 位 置	控制件名称	旋 钮 位 置
亮度	适中	输入耦合方式	GND
聚焦	适中	扫描方式	AUTO
水平和垂直位移	适中	扫描速率	0.5ms/DIV
垂直工作方式	CH1		

将示波器输入耦合方式置“DC”，将直流电源的输出接至示波器的 CH1 通道，如图 1-4 所示。调节直流电源使其输出 1V 电压，调节示波器 CH1 通道的“幅度衰减”开关，使“基线”向上或向下偏离“基准位置”的距离适中，读出该“基线”向上或向下偏离“基准位置”的距离和 CH1 通道的“幅度衰减”开关位置，并填入表 1-3 中。然后改变直流电源输出的电压幅度，使其分别为 2.5V、5V，按照同样方法进行测量。

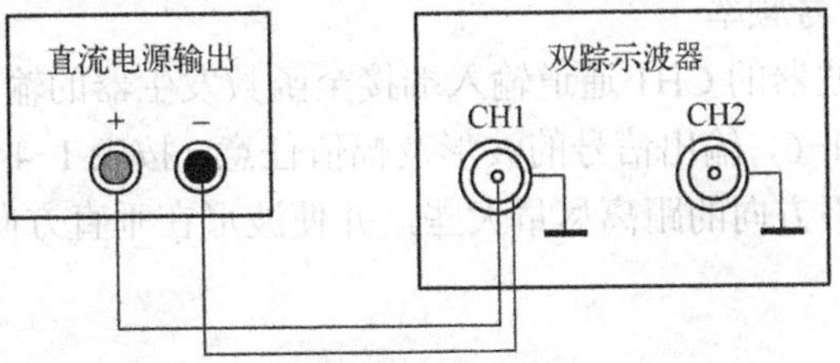

图 1-4　用示波器测量直流电源的输出电压

表 1-3　用示波器测量直流电源的输出电压

直流电源输出电压（V）	1	2.5	5
示波器幅度衰减开关位置（V/DIV）			
电压偏离基准位置的格数（DIV）			
电压测量值（V）			

4）用示波器测量正弦波信号幅值

将函数发生器的输出与示波器的 CH1 通道输入端相连接，如图 1-5 所示。按表 1-4 要求调节示波器各旋钮，显示 3～5 个稳定波形，并使波形在垂直方向的高度尽量大些，将测量数据填入表 1-5。调节函数发生器，使其输出 1kHz 正弦波信号，信号电压的有效值分别见表 1-5。

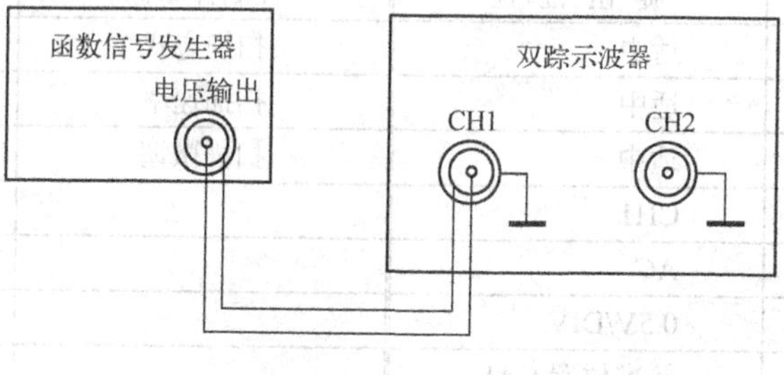

图 1-5　用示波器测量正弦波信号幅值

表 1-4　用示波器测量正弦波信号幅值时各旋钮位置

控制件名称	旋 钮 位 置	控制件名称	旋 钮 位 置
亮度	适中	输入耦合方式	GND
聚焦	适中	扫描方式	AUTO
水平和垂直位移	适中	扫描速率	适中
垂直工作方式	CH1		

表 1-5　用示波器测量正弦波信号幅值

函数信号发生器指示的电压值（V）	100m	1	3
示波器幅度衰减开关位置（V/DIV）			
信号峰-峰值所占格数（DIV）			
电压测量值（V）			

5）用示波器测量信号频率

如图 1-5 所示将示波器的 CH1 通道输入端接至函数发生器的输出端。调节函数发生器的输出信号频率分别见表 1-6，输出信号的波形及幅值任意。按表 1-4 要求调节示波器各旋钮，使波形的一个周期在水平方向的距离尽量大些，并使波形在垂直方向的高度适中，将测量数据填入表 1-6。

表 1-6　用示波器测量信号频率

函数信号发生器的输出信号频率（Hz）	100	500	1k
示波器扫描速率开关位置（TIME/DIV）			
波形一个周期所占水平格数（DIV）			
信号周期测量值			
信号频率测量值			

2．交流毫伏表的使用

如图 1-6 所示连接函数信号发生器和毫伏表，调节函数信号发生器使其输出表 1-7 要求的信号，将毫伏表测量的结果填入表 1-7 中。

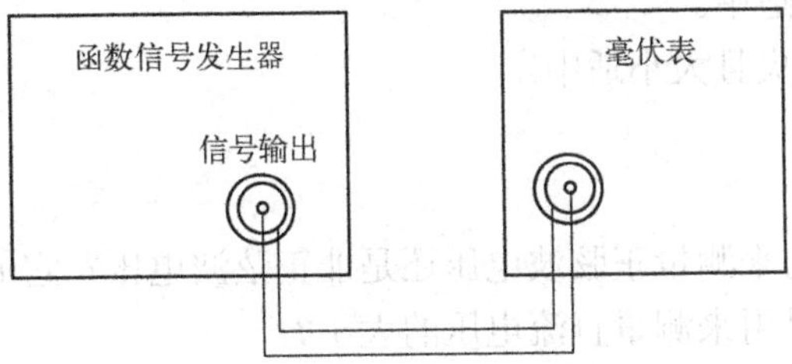

图 1-6　用交流毫伏表测量信号幅度

表 1-7　交流毫伏表测量正弦波信号幅度

函数信号发生器输出信号		交流毫伏表	
频率范围（Hz）	幅度（V）	量　程	测　量　值
50	5		
160	5		
200	3		
400	1		
1000	10m		

3．万用表的使用

将黑表笔插入"–COM"插孔，红表笔插入"+"插孔。将万用表的功能开关置于 V̲ 的最大量程，将万用表的红表笔与直流电源的"+"端相接，黑表笔与直流电源的"–"端相接，如图 1-7 所示。然后调节万用表直流电压挡 V̲ 的量程大小，使表头指针有一个合适的偏转，根据量程大小和表头指示位置，读出直流电源的输出电压。测量时要注意电源输出端及万用表的正、负极性正确相接。

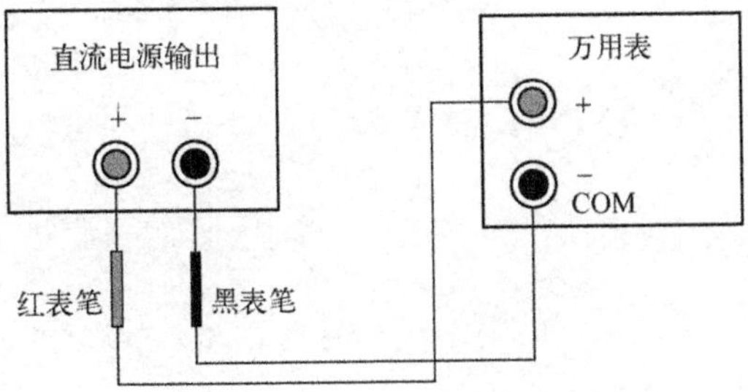

图 1-7　万用表测量电压

七、实验报告

（1）整理并记录实验过程中测量的各种数据。

（2）小结示波器使用。

八、实验思考

（1）说明使用示波器观测波形时，为了达到下列要求，应调节哪些旋钮。

① 波形清晰且亮度适中。

② 波形在荧光屏中央且大小适中。

③ 波形完整。

④ 波形稳定。

（2）交流毫伏表是用来测量正弦波电压还是非正弦波电压？它的表头指示值是被测信号的什么数值？它是否可以用来测量直流电压的大小？

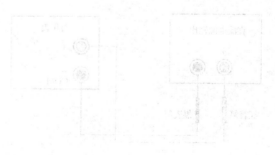

实验二　常用无源器件的测量

一、实验目的

（1）理解电阻、电容、电感、变压器的工作特性。

（2）掌握电阻、电容、电感，以及变压器同名端的测量方法。

二、实验原理

1．电阻的测量

1）伏安法测量电阻

伏安法测量电阻有电压表前接和电压表后接两种方法，如图 2-1 所示。

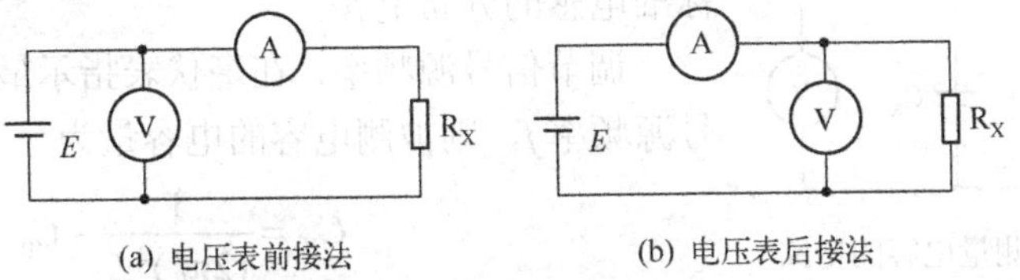

图 2-1　伏安法测量电阻

图 2-1（a）所示电路称为电压表前接法，由图可见，电压表测得的电压为被测电阻 R_X 两端的电压与电流表内阻 R_A 压降之和。因此，根据欧姆定律求得 R_X 的测量值为

$$R_X=V/I_X=(V_A+V_X)/I_X=R_X+R_A>R_X$$

图 2-1（b）所示电路称为电压表后接法，由图可见，电流表测得的电流为流过被测电阻 R_X 的电流与流过电压表内阻 R_V 的电流之和。因此，根据欧姆定律求得 $R_{测}$ 的测量值为

$$R_{测}=V/I_X=V_X/(I_V+I_X)=R_X // R_V<R_X$$

在使用伏安法时，应根据被测电阻的大小，选择合适的测量电路，如果预先无法估计被测电阻的大小，可以用两个电路都试一下，看两种电路电压表和电流表的读数的差别情况，若两种电路电压表的读数差别比电流表的读数差别小，则可选择电压表前接法；反之，则可选择电压表后接法。

2）万用表测量电阻

用万用表测量电阻时，首先应选择好万用表电阻挡的倍率或量程范围，然后将两个表笔短路调零，再将万用表并接在被测电阻的两端，读出电阻值即可。

在用万用表测量电阻时应注意以下几个问题：

（1）要防止把双手和电阻的两个端子及万用表的两个表笔并联捏在一起，因为这样测得的阻值为人体电阻与被测电阻并联后的等效电阻的阻值，而不是被测电阻的阻值，在测几千欧以上的电阻时，尤其要注意这一点，否则会得到误差超出允许值的测量结果。

（2）当电阻连接在电路中时，首先应将电路的电源断开，决不允许带电测量电阻值。若电路中有电容器时，应先将电容器放电后再进行测量。若电阻两端与其他元件相连，则应断开一端后再测量，否则电阻两端连接的其他电路会造成测量结果错误。

（3）由于用万用表测量电阻时，万用表内部电路通过被测电阻构成回路，也就是说测量时，被测电阻中有直流电流流过，并在被测电阻两端产生一定的电压降，因此在用万用表测量电阻时，应注意被测电阻所能承受的电压值和电流值，以免损坏被测电阻。例如，不能用万用表直接测量微安表的表头内阻，因为这样做可能使流过表头的电流超过其承受力（微安级）而烧坏表头。

（4）万用表测量电阻时不同倍率挡的零点不同，每换一挡时都应重新进行一次调零，当某一挡调节调零电位器不能使指针回到0Ω时，表明表内电池电压不足，需要更换新电池。

（5）由于指针式万用表电阻挡刻度的非线性，使刻度误差较大，测量误差也较大，因而指针式万用表只能做一般性的粗略检查测量。数字式万用表测量电阻的误差比指针式万用表的误差小，但当它用以测量阻值较小的电阻时，相对误差仍然是比较大的。

2．电容的测量

1）并联谐振法测量电容量

图 2-2 所示为并联谐振法测量电容的电路，其中 L 为标准电感，C_X为被测电容，C_0为标准电感的分布电容。

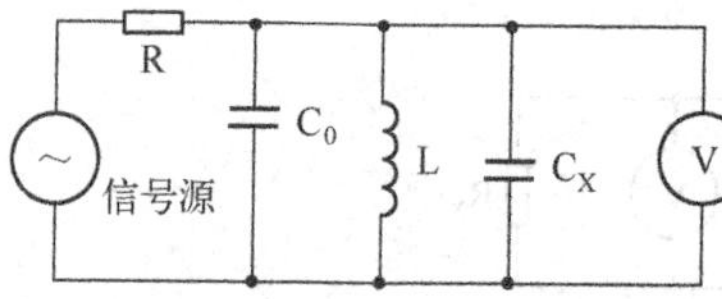

图 2-2　并联谐振法测量电容的电路

调节信号源频率，在毫伏表指示最大时记下此时的信号源频率 f，则被测电容的电容量为

$$C_X = \frac{1}{(2\pi f)^2 L} - C_0 \qquad (2-1)$$

2）指针式万用表估测电容

用指针式万用表的电阻挡可以估测电容，但不能测出其容量和漏电阻的确切数值，更不能知道电容器所能承受的耐压，但对电容器的好坏程度能粗略判别，在实际工作中经常使用。

（1）估测电容量。将万用表设置在电阻挡，表笔并接在被测电容的两端，在器件与表笔相接的瞬间，表针摆动幅度越大，表示电容量越大，这种方法一般用来估测 0.01μF 以上的电容器。

（2）估测电容器漏电阻。除铝电解电容外，普通电容的绝缘电阻应大于 10MΩ。用万用表测量电容器漏电阻时，万用表置×1k 挡或×10k 倍率挡。当表笔与被测电容并接的瞬间，表针会偏转很大的角度，然后逐渐回转，经过一定时间，表针退回到∞Ω处。说明被测电容的漏电阻极大，若表针回不到∞Ω处，则指示值即为被测电容的漏电阻值。铝电解电容的漏电阻应超过 200kΩ才能使用，若表针偏转一定角度后，无逐渐回转现象，则说明被测电容已被击穿。

3．电感的测量

电感的测量常采用并联谐振法。图 2-3 所示为并联谐振法测量电感的电路，其中 C 为标准电容，L 为被测电感，C_0为被测电感的分布电容。

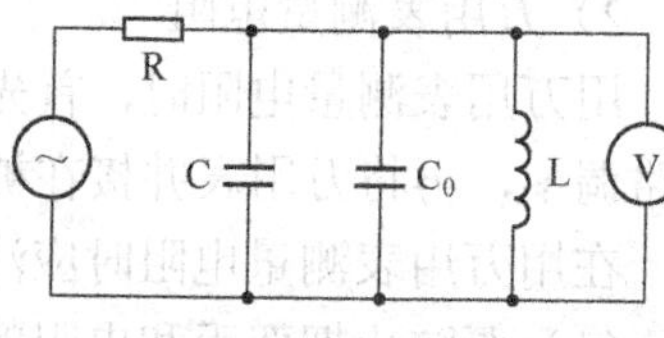

图 2-3　并联谐振法测量电感的电路

调节信号源频率，在电压表指示最大时记下此时的信号源频率 f，则

$$L = \frac{1}{(2\pi f)^2 (C + C_0)} \qquad (2-2)$$

在图 2-3 中不接标准电容 C，调节信号源频率，在电压表指示最大时记下此时的信号源频率 f_1，则

$$L=\frac{1}{(2\pi f_1)^2 C_0} \tag{2-3}$$

联合式（2-2）和式（2-3）可解出被测电感的电感量 L 为

$$L=\frac{f_1^2-f^2}{(2\pi f f_1)^2 C} \tag{2-4}$$

4．变压器同名端的测量

变压器的同名端（同极性端）是指通过各绕组的磁通发生变化时，在某一瞬间，各绕组上感应电动势或感应电压极性相同的端钮。根据同名端，可以正确连接变压器绕组。

如图 2-4 所示，闭合电源开关 S，在 S 闭合瞬间，左侧绕组线圈电流由无到有，必然在左侧绕组中引起感应电动势 e_{L1}，根据楞次定律判断 e_{L1} 的方向应与左侧电压参考方向相反，即下“−”上“+”。S 闭合瞬间，变化的左侧电流的交变磁通不但穿过左侧，同时也由于磁耦合而穿过右侧，因此在右侧也会引起一个互感电动势 e_{M2}，e_{M2} 的极性可由接在二次侧的直流电压表的偏转方向而定：当电压表正偏时，极性为上“+”下“−”，即与电压表极性一致，此时说明 1 端与 2 端为同名端；若指针反偏，则表示 e_{M2} 的极性为上“−”下“+”，则说明 1 端与 2′ 端为同名端。

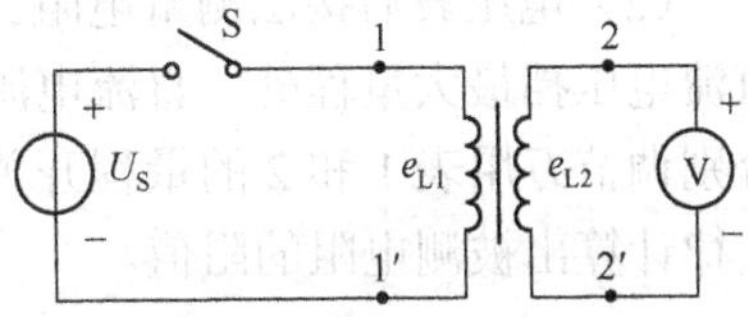

图 2-4　变压器同名端的测量

三、实验时数：4 学时

四、实验设备及元器件

函数信号发生器：1 台
交流毫伏表：1 块
指针式万用表：2 块
模拟电路实验箱：1 台
电阻：470Ω被测电阻 1 只
电容：标准电容 1 只，被测电容 1 只
电感：标准电感 1 只，被测电感 1 只
变压器：1 只

五、实验预习

熟悉电阻、电容、电感，以及变压器同名端的测量原理。

六、实验内容及步骤

1．电阻的测量

1）伏安法测量电阻

（1）电压表前接法测量电阻。调节万用表 1 至直流电流挡最大量程处，调节万用表 2 至直流电压挡最大量程处，直流电源输出 5V 电压，按图 2-5 连接电路。打开电源开关，然后分别调节万用表 1 和 2 的量程开关，使其指针有较大偏转，读出两个表的测量值，利用欧姆定律计算出被测电阻的阻值。

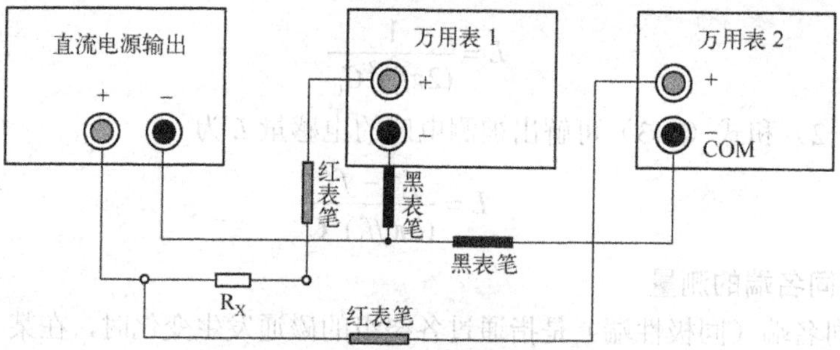

图 2-5　电压表前接法测量电阻

（2）电压表后接法测量电阻。调节万用表 1 至直流电流挡最大量程处，调节万用表 2 至直流电压挡最大量程处，直流电源输出 5V 电压，按图 2-6 连接电路。打开电源开关，然后分别调节万用表 1 和 2 的量程开关，使其指针有较大偏转，读出两个表的测量值，利用欧姆定律计算出被测电阻的阻值。

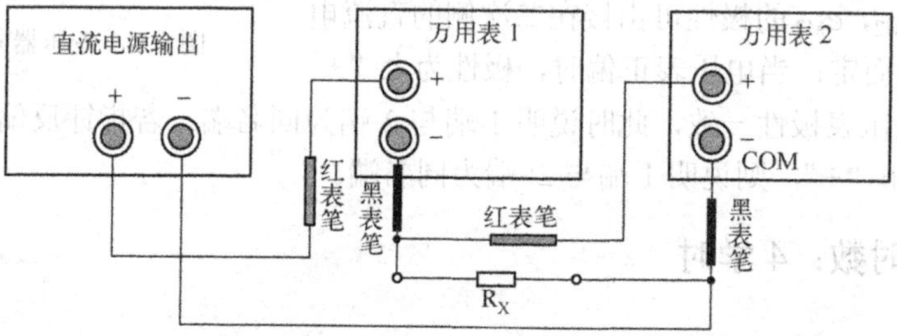

图 2-6　电压表后接法测量电阻

2）万用表测量电阻

根据上述两种方法的测量结果，使用万用表并选择合适的电阻挡量程范围测量被测电阻的阻值。

2．电容的测量

1）并联谐振法测量电容

按照图 2-7 连接电路，其中 L 为标准电感，C_X 为被测电容。调节函数信号发生器的频率，在毫伏表指示最大时记下此时的信号源频率 f，根据 f、L，利用式（2-1）计算出被测电容的电容值（电感 L 的分布电容 C_0 设为 0）。

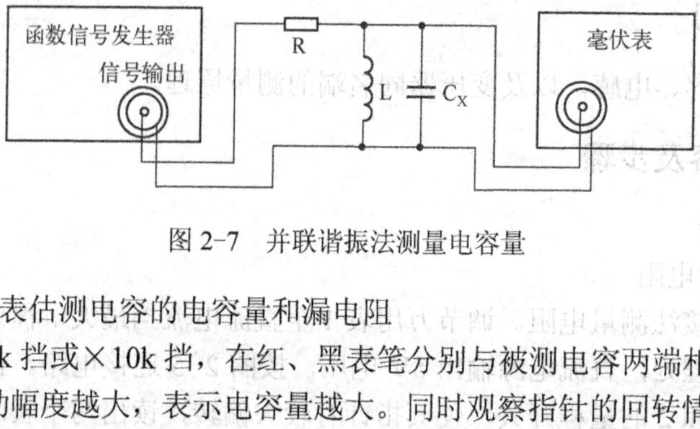

图 2-7　并联谐振法测量电容量

2）指针式万用表估测电容的电容量和漏电阻

将万用表置×1k 挡或×10k 挡，在红、黑表笔分别与被测电容两端相接的瞬间，观察指针偏转的角度，摆动幅度越大，表示电容量越大。同时观察指针的回转情况，如果指针能回到∞Ω处，说明被测电容的漏电阻极大，若指针回不到∞Ω处，则指示值即为被测电容的漏电阻值。

3．电感的测量

（1）按图 2-8 连接电路，其中 C 为标准电容，L 为被测电感。调节函数信号发生器的信号频率，在毫伏表指示最大时记下此时的信号源频率 f。

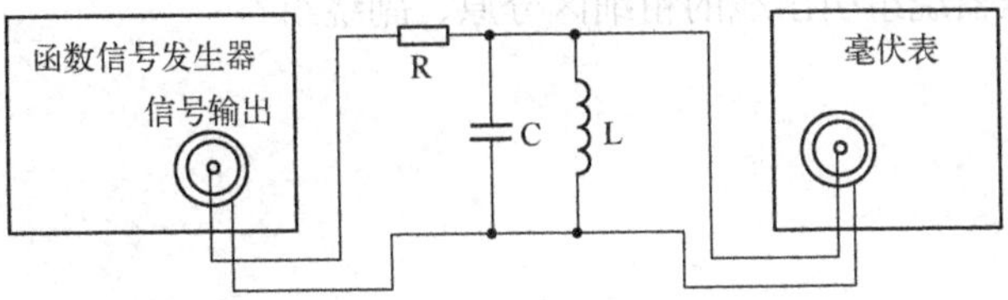

图 2-8　并联谐振法测量电感电路一

（2）按图 2-9 所示电路连接（即将图 2-8 电路中的标准电容去掉），调节函数信号发生器的信号频率，在毫伏表指示最大时记下此时的信号源频率 f_1。

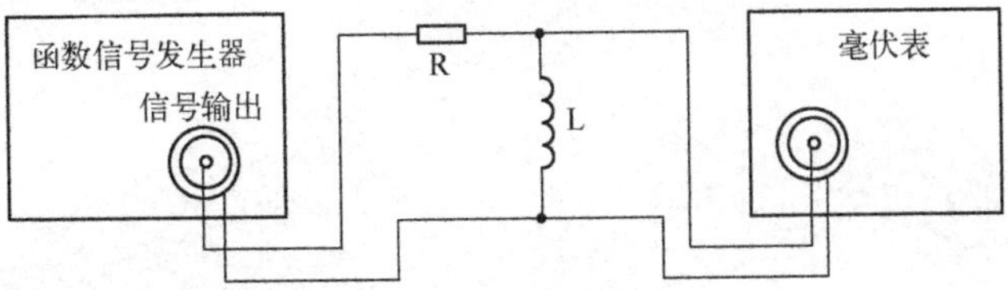

图 2-9　并联谐振法测量电感电路二

（3）将 f、f_1 以及标准电容的电容值 C 代入式（2-4），计算出被测电感的电感值。

4．变压器同名端的测量

按图 2-10 连接线路。图中直流电源输出的电压数值选择 6V 以下，万用表置在 20V 量程，注意其极性。电路连接无误后，闭合电源开关 S，在 S 闭合的瞬间，根据电压表指针偏转情况判断其同名端。

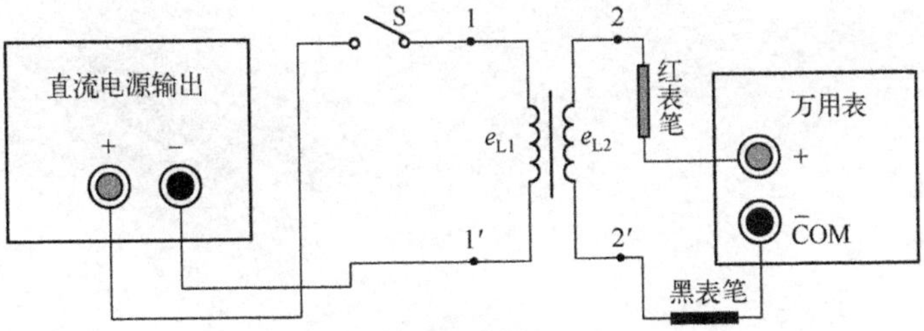

图 2-10　变压器同名端的测量

七、实验报告

（1）给出各种测量电阻的结果，并对测量结果进行分析比较。

（2）给出并联谐振法测量电容的计算结果和万用表估测电容的定性结果，并对万用表估测电容的结果进行定性分析。

（3）给出并联谐振法测量电感的结果。

（4）给出变压器同名端的测量结果。

八、实验思考

（1）伏安法测量电阻时，选择电压表前接法和电压表后接法的依据是什么？

（2）利用并联谐振法测量电容和电感时，如何提高测量精度？

（3）能否从变压器绕组引出线的粗细区分原、副绕组？

实验三　基尔霍夫定律和叠加定理

一、实验目的

（1）验证基尔霍夫定律。

（2）验证叠加定理。

二、实验原理

1. 基尔霍夫定律

基尔霍夫定律给出了电路中各支路电流之间和回路中各元件电压之间必须服从的约束关系。无论电路元件是线性还是非线性，是时变还是非时变，只要是集中参数电路都必须服从这一定律。

基尔霍夫电流定律（KCL）：在集总参数电路中，任何时刻，对任一节点，所有支路电流的代数和等于零，即

$$\Sigma i=0$$

基尔霍夫电压定律（KVL）：在集总参数电路中，任何时刻，沿任一回路内所有元件电压代数和等于零，即

$$\Sigma u=0$$

2. 叠加定理

叠加定理是指在多个电源作用的线性网络中，任何一个支路中的电流或端电压等于电路中各个电源单独作用时，在该支路中产生的电流或电压降的代数和。

三、实验时数：2 学时

四、实验设备及元器件

万用表：1 块

模拟电路实验箱：1 台

双刀双掷开关：2 个

电阻：1kΩ　3 个

五、实验预习

1. 熟悉双刀双掷开关的工作原理

双刀双掷开关的结构示意图如图 3-1 所示，它有三个位置，可实现电路任意两点间的短路、断路及电源的接入。开关 S 投向左方时，A、A_1 导通，B、B_1 导通；投向右方时，A、A_2 导通，B、B_2 导通，若在 A_2、B_2 之间接入短路线，则实现 A 与 B 之间的短路。

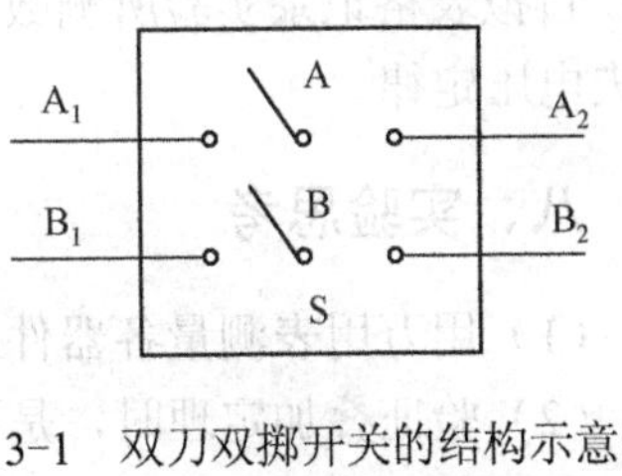

图 3-1　双刀双掷开关的结构示意图

2. 理论计算

设图 3-2 中直流电源 1 和直流电源 2 的电压分别为 12V 和 6V，计算图中直流电源 1 单独作用、直流电源 2

单独作用，以及直流电源 1 和直流电源 2 共同作用情况下的 I_1、I_2、I_3、U_{da}、U_{ab} 和 U_{ac} 值，以便对实验中电压、电流的大小、方向有所了解，对万用表的量程有个估算。

六、实验内容及步骤

1. 叠加定理实验

按图 3-2 连接电路，调节直流电源，使直流电源 1 输出 12V，直流电源 2 输出 6V。

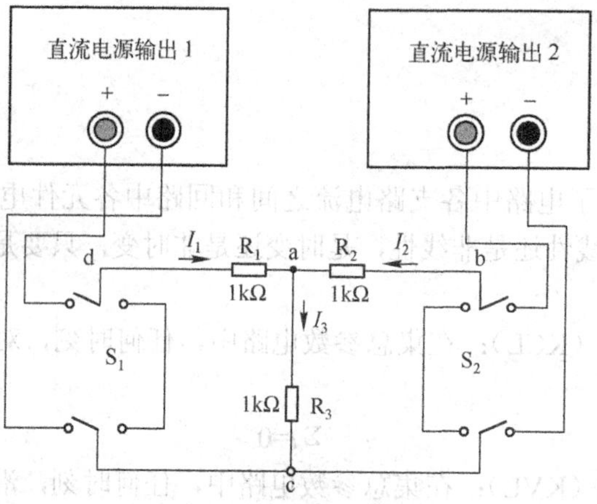

图 3-2　实验电路连接图

（1）将 S_1 和 S_2 均投向左方，用万用表的直流电压挡分别测量 R_1、R_2、R_3 两端的电压，计算此时直流电源 1 单独作用下通过 R_1、R_2、R_3 的电流 I_1'、I_2' 和 I_3'。

（2）将 S_1 和 S_2 均投向右方，用万用表的直流电压挡分别测量 R_1、R_2、R_3 两端的电压，计算此时直流电源 2 单独作用下通过 R_1、R_2、R_3 的电流 I_1''、I_2'' 和 I_3''。

（3）将 S_1 投向左方，S_2 投向右方，用万用表的直流电压挡分别测量 R_1、R_2、R_3 两端的电压，计算此时直流电源 1 和 2 共同作用下通过 R_1、R_2、R_3 的电流 I_1、I_2 和 I_3。

（4）判断 I_1' 与 I_1'' 之和是否同 I_1 相等，来验证叠加定理的正确性。

2. 验证基尔霍夫电流定律

将 S_1 投向左方、S_2 投向右方时，判断 I_1 与 I_2 之和是否同 I_3 相等，来验证基尔霍夫电流定律。

3. 验证基尔霍夫电压定律

将 S_1 投向左方、S_2 投向右方时，判断 R_2 和 R_3 电压之和是否与直流电源 2 的输出电压相等，来验证基尔霍夫电压定律。

七、实验报告

自拟表格记录实验所测数据，并根据测量数据验证叠加定理、基尔霍夫电流定律和基尔霍夫电压定律。

八、实验思考

（1）用万用表测量各器件的电压时应注意什么问题？

（2）验证叠加定理时，是否一定要保持直流电源 1 和 2 的输出电压不变？

实验四　戴维南定理

一、实验目的

（1）验证戴维南定理。
（2）学习线性有源网络等效电源参数的测定方法。

二、实验原理

戴维南定理指出任何一个有源二端网络均可等效为一个实际的电压源，该等效电源的电压等于有源二端网络的开路电压 U_{OC}，内阻 R_0 等于原二端网络除源后的等效电阻，如图 4-1 所示。

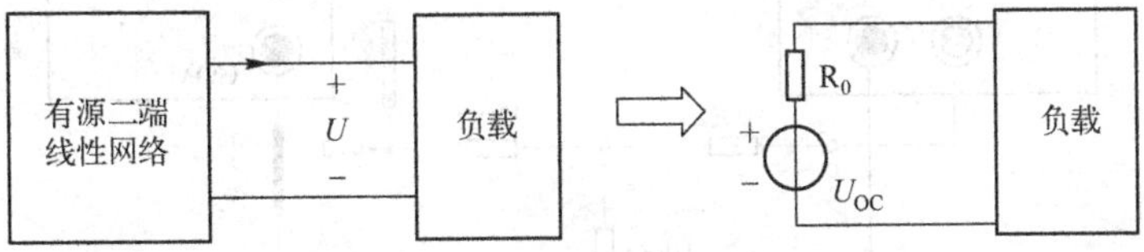

图 4-1　戴维南等效电路

三、实验时数　2 学时

四、实验设备及元器件

万用表：1 块
模拟电路实验箱：1 台
电阻：100Ω　3 只，270Ω　1 只
电位器：1kΩ　1 只

五、实验预习

复习戴维南定理，熟悉开路电压和等效电阻的测量方法。

六、实验内容及步骤

1．测量 U_{ab}

按图 4-2 连接电路，将万用表调至直流电压挡，保持直流电源输出 6V 不变，从万用表中读出 U_{ab} 的大小。

2．测量 I_L

按图 4-3 连接电路，将万用表调至直流电流挡，保持直流电源输出 6V 不变，从万用表中读出电流 I_L 的大小。

3．测量开路电压 U_{ab}

按图 4-4 连接电路，将万用表调至直流电压挡，保持直流电源输出 6V 不变，从万用表中读出开路电压 U_{ab} 的大小。

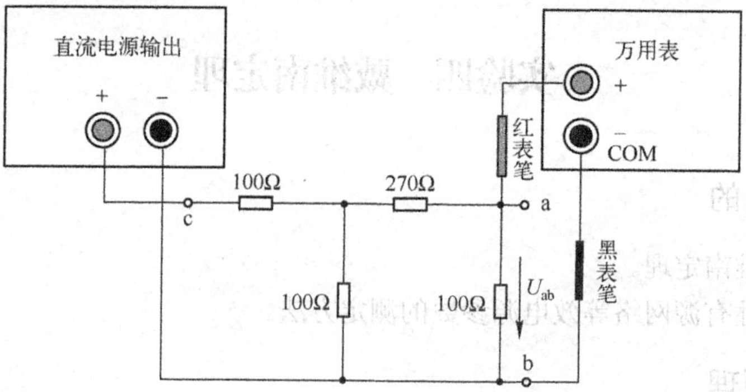

图 4-2　测量 U_{ab} 连接图

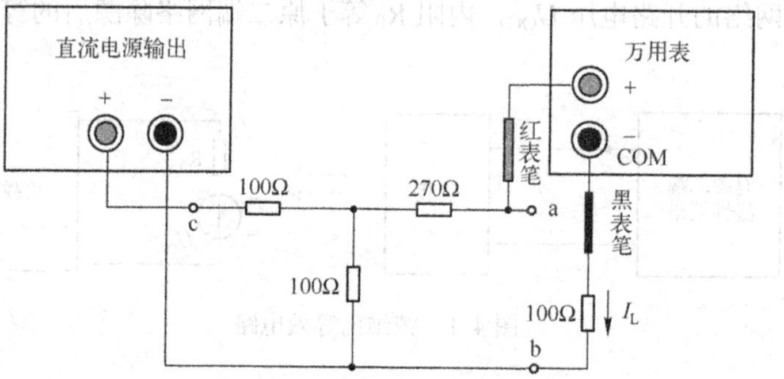

图 4-3　测量 I_L 连接图

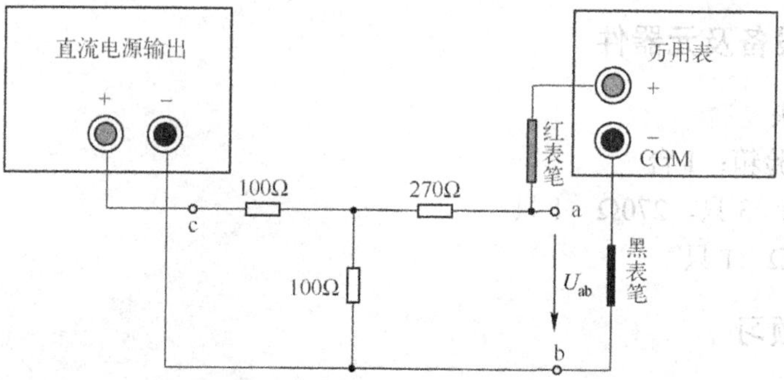

图 4-4　测量开路电压 U_{ab} 连接图

4．测量等效内阻 R_0

按图 4-5 连接电路，将万用表调至电阻挡，从万用表中读出等效内阻 R_0 的大小。

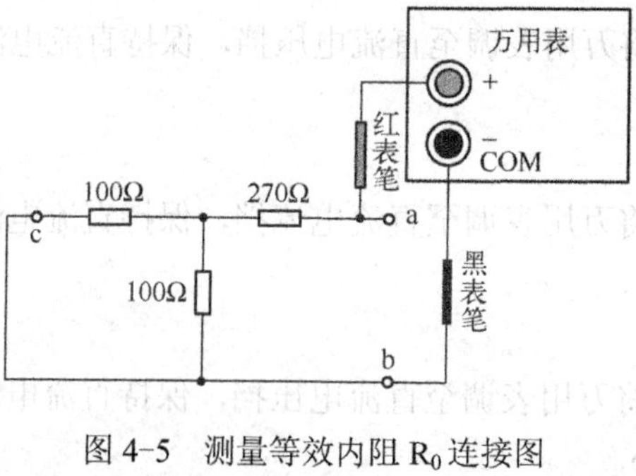

图 4-5　测量等效内阻 R_0 连接图

5．测量戴维南等效电路的 U'_{ab}

按图 4-6 连接电路，其中 RP 等于第 4 步测量的 R_0，将万用表调至直流电压挡，调节直流电源使其输出上一步测量的 U_{ab}，从万用表中读出 U'_{ab} 的大小。

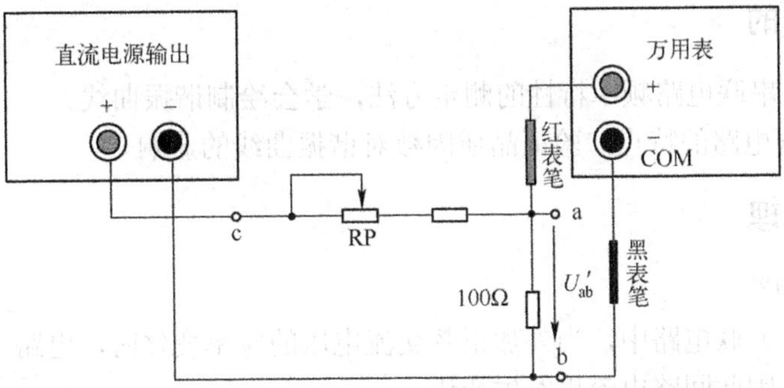

图 4-6　测量戴维南等效电路的 U'_{ab}

6．测量戴维南等效电路的 I'_L

按图 4-7 连接电路，RP 和直流电源输出值与第 5 步相同，将万用表调至直流电流挡，从万用表中读出 I'_L 的大小。

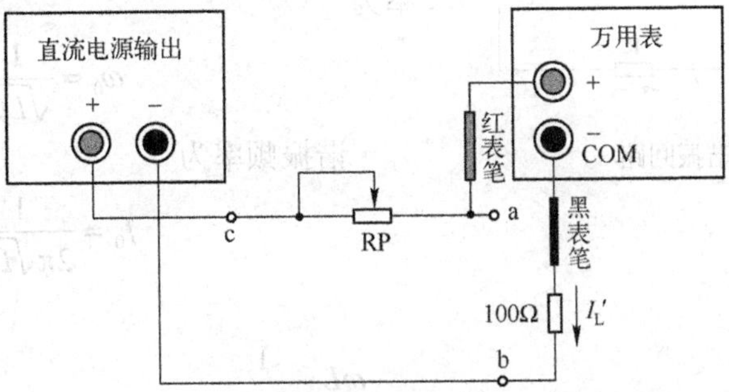

图 4-7　测量戴维南等效电路的 I'_L

7．验证数据

比较 U'_{ab} 和 U_{ab}、I'_L 和 I_L 是否相等，并给出结论。

七、实验报告

整理实验数据，给出戴维南定理的验证结论。

八、实验思考

（1）如何提高测量精度？

（2）对于含有受控源的电路戴维南定理是否成立？如何验证？

实验五　LC 谐振回路

一、实验目的

（1）掌握 LC 串联电路频率特性的测定方法，学会绘制谐振曲线。

（2）观测谐振电路的特点，验证品质因数对谐振曲线的影响。

二、实验原理

1. LC 谐振回路

在 LC 串（并）联电路中，当外加正弦交流电压的频率变化时，电路中的感抗、容抗、电抗均随之而变，因此回路电流也发生变化。

如图 5-1 所示电路中，回路的阻抗为

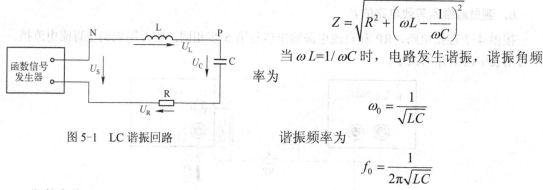

$$Z=\sqrt{R^2+\left(\omega L-\frac{1}{\omega C}\right)^2}$$

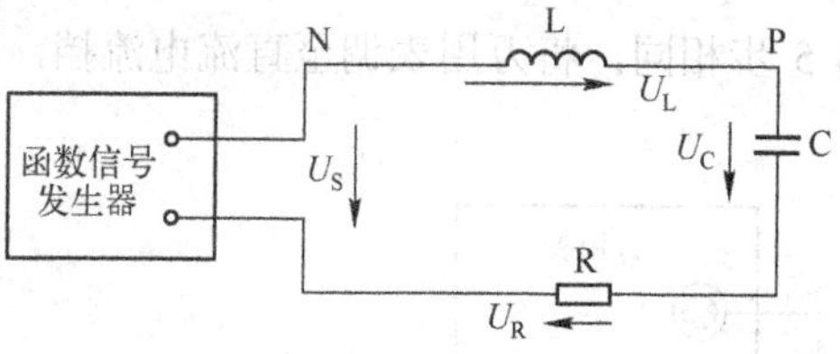

图 5-1　LC 谐振回路

当 $\omega L=1/\omega C$ 时，电路发生谐振，谐振角频率为

$$\omega_0=\frac{1}{\sqrt{LC}}$$

谐振频率为

$$f_0=\frac{1}{2\pi\sqrt{LC}}$$

阻抗角为

$$\varphi=\arctan\frac{\omega L-\frac{1}{\omega C}}{R}$$

电路的品质因数为

$$Q=\omega_0 L/R$$

谐振频率决定于电路参数 L 和 C。随着频率的变化，电路在 $\omega<\omega_0$ 时，呈容性；当 $\omega>\omega_0$ 时，电路呈感性；当 $\omega=\omega_0$ 时，电路呈现纯电阻性，此时谐振回路的阻抗达到最小值 R。

当 L、C 不变，改变 R 时，可以得出不同 Q 值的谐振曲线，Q 值越大，曲线越尖锐。

实验时，保持函数信号发生器的输出电压不变，改变其输出信号频率，利用毫伏表测量电阻元件 R 上的电压 U_R，当 U_R 达到最大值时说明回路发生谐振，此时对应的频率即为谐振频率。

2. 用双踪示波器测量阻抗角

元件的阻抗角（即元件两端 u 和 i 的相位差）随输入信号的频率变化而改变，阻抗角的频率特性曲线可以用双踪示波器来测量。根据图 5-2 所示，则阻抗角 φ 为

$$\varphi=\frac{x}{l}\times 360^\circ$$

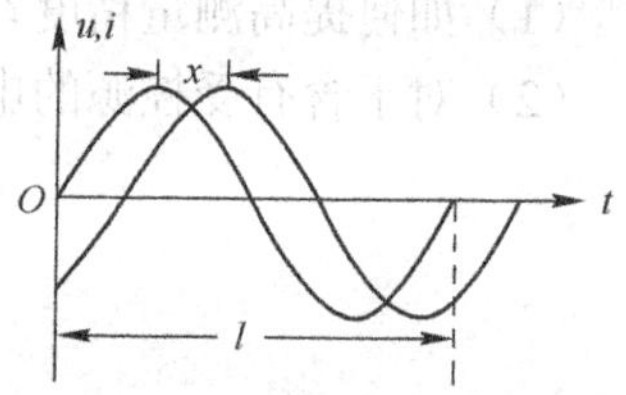

图 5-2　元件阻抗角测量

三、实验时数：2 学时

四、实验设备及元器件

双踪示波器：1 台
函数信号发生器：1 台
交流毫伏表：1 块
模拟电路实验箱：1 台

五、实验预习

（1）复习示波器、交流毫伏表，以及函数信号发生器的使用方法。
（2）熟悉实验原理及实验步骤。

六、实验内容及步骤

1. 测量谐振频率

（1）按图 5-3 连接实验电路，电阻、电感、电容的数值自拟。保持函数信号发生器的输出电压为 3V，不断调整其输出信号频率 f，读出毫伏表的最大示数 U_R，记录此时的 f 和 U_R。

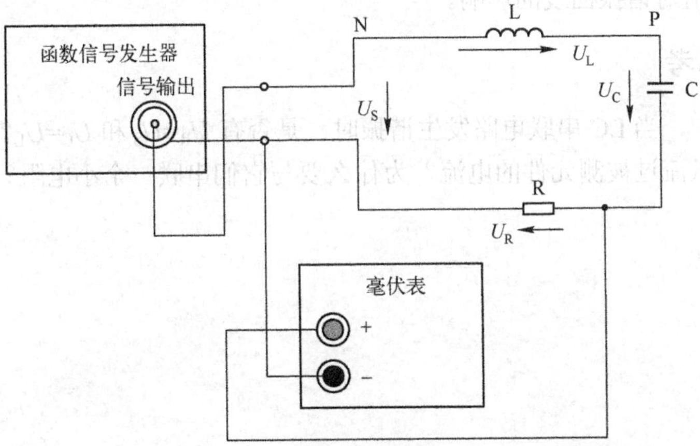

图 5-3　测量谐振频率

（2）改变实验电路中 R 的大小，依据第（1）步的方法，重新测量并记录不同信号频率 f 及其对应的 U_R。

2. 测量阻抗角

（1）按图 5-4 连接示波器。

（2）使示波器工作在“交替”状态下，将两个 Y 轴输入方式置于“⊥”位置，使之显示两条直线，调整两个 Y 轴移位旋钮，使两条直线重合，再将两个 Y 轴输入方式置于“AC”或“DC”的位置（测量过程中两个“Y 轴移位”旋钮不可再调动）。

（3）保持函数信号发生器的输出信号频率不变，调节示波器有关控制旋钮，使荧光屏上出现两个比例适当而稳定的波形，读出荧光屏水平方向上一个周期所占的格数 l，相位差所占的格数 x，根据 l 和 x 计算阻抗角。

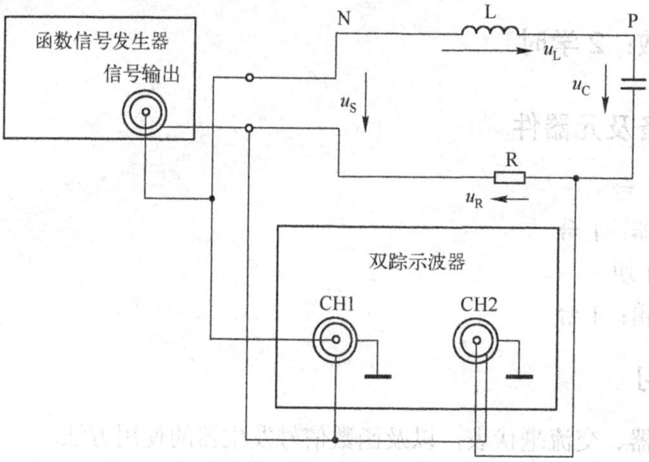

图 5-4 测量阻抗角

七、实验报告

（1）根据测量数据在同一坐标纸上绘出不同 R 时的谐振曲线，并由此得出回路的谐振频率、Q 值和通频带。

（2）分析 Q 值对谐振曲线的影响。

八、实验思考

（1）在实验中，当 LC 串联电路发生谐振时，是否有 $U_R=U_S$ 和 $U_C=U_L$？

（2）如何测量流过被测元件的电流？为什么要与它们串联一个小电阻？

第 2 章　模拟电路实验

实验六　晶体管特性测试

一、实验目的

（1）了解晶体管特性图示仪的使用方法。

（2）学会用晶体管特性图示仪测试晶体管的特性曲线和参数。

（3）学会用万用表测试晶体管的类型、引脚及参数。

二、实验原理

1．晶体管特性图示仪测试二极管特性

稳压二极管的特性曲线如图 6-1 所示，从图中分别读出反向偏置和正向偏置时的 X 轴位移（度数），再根据图示仪相关部件的置位参数，利用式（6-1）可计算出二极管的稳定电压和正向压降。

$$二极管端电压=X\text{轴位移（度数）}\cdot X\text{轴集电极电压（电压/度）} \tag{6-1}$$

2．晶体管特性图示仪测试三极管输出特性

NPN 型三极管的输出特性曲线如图 6-2 所示，从图中读出 X 轴集电极电压 V_{ce} 等于测试电压（通过查被测管的手册获得该电压）时的最上面一条曲线的 Y 轴位移（度数），再根据图示仪相关部件的置位参数，计算出 Y 轴位移对应的 I_C 值和基极阶梯电流 I_B 值，然后利用式（6-2）计算出三极管直流放大系数 $\overline{\beta}$ 。

$$\overline{\beta}=\frac{I_C}{I_B} \tag{6-2}$$

测得的电流放大特性曲线如图 6-3 所示，则利用式（6-3）计算出三极管交流放大系数β。

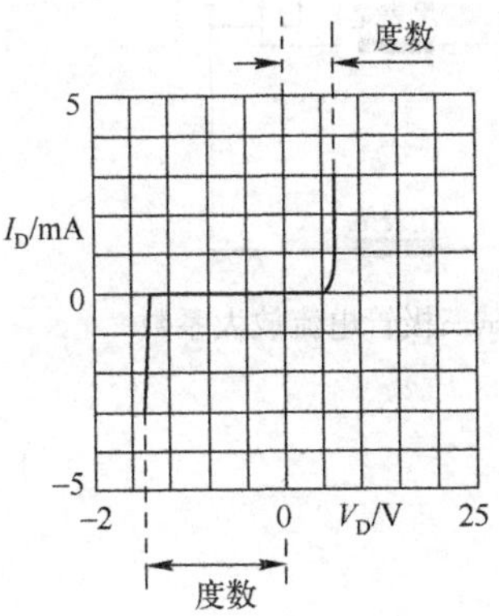

图 6-1　稳压二极管特性曲线

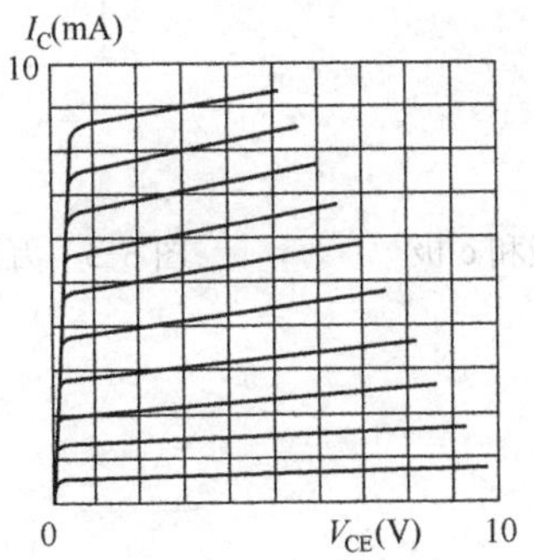

图 6-2　NPN 型晶体三极管输出特性曲线

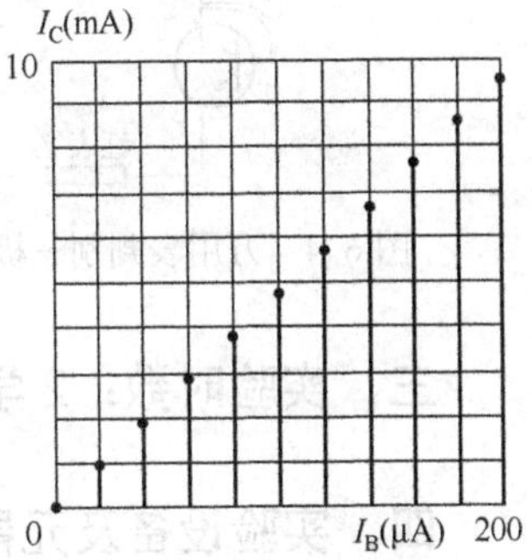

图 6-3　电流放大特性曲线

$$\beta = \frac{\Delta I_C}{\Delta I_B} \tag{6-3}$$

3．万用表测试二极管

将万用表调至 R×100 挡或 R×1k 挡，红表笔和黑表笔分别与被测二极管的两极相接，若显示电阻值比较小（100～200Ω），红、黑表笔对调后再测量显示电阻较大（约几百千欧），则说明二极管是好的。当显示电阻值比较小时，说明与黑表笔所接的为二极管正极，与红表笔所接的为二极管负极。如果红表笔和黑表笔无论怎样与二极管相接，二极管均显示阻值特别大或特别小，则说明二极管是坏的。

测量小功率晶体管时，将万用表置 R×100 挡或 R×1k 挡，不能用 R×1Ω挡和 R×10k 挡，以防止万用表的 R×1Ω挡输出电流过大，或 R×10k 挡输出电压过大而损坏被测晶体管，对于面接触型大电流整流二极管可用 R×1Ω或 R×10k 挡进行测量。

4．万用表测试三极管

1）判别 b 极和类型

用万用表 R×100 挡或 R×1k 挡，把黑表笔接到假定的 b 极上，红表笔先后接到其余两极。若两次测得的电阻数很大（或很小），而对换表笔后测得的电阻都很小（或很大），则确定 b 极为基极；反之，则要重新假定 b 再测量。

当基极确定以后，将黑表笔接基极，红表笔分别接其他两极，若测得电阻都较小，则为 NPN 型，否则为 PNP 型。

2）判别 e 极和 c 极

已知三极管为 NPN 型，把黑表笔接到假定的 c 极，红表笔接假定的 e 极，并用手捏住 b、c 两个电极（通过人体给 b、c 之间接入偏置电阻，但 b、c 不能接触），如图 6-4 所示，读出 e、c 间电阻值，然后将红、黑表笔调换重测，与第一次读数比较，若第一次阻值小，则原来的假定是对的，即黑笔接的为 c 极，红笔接的是 e 极。

3）定性检测电流放大系数β

按图 6-5 所示在 b、c 之间接入 100kΩ电阻，若 100kΩ接入前后两次测得的电阻值相差越大，则说明β越大。此方法一般适用于检测小功率管的β值。

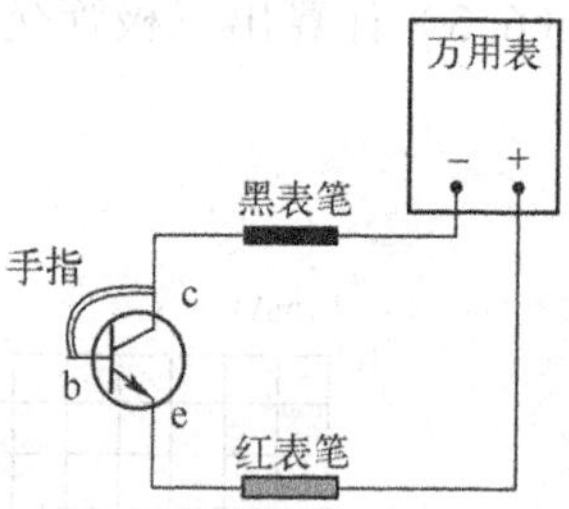

图 6-4　万用表判别三极管 e 极和 c 极

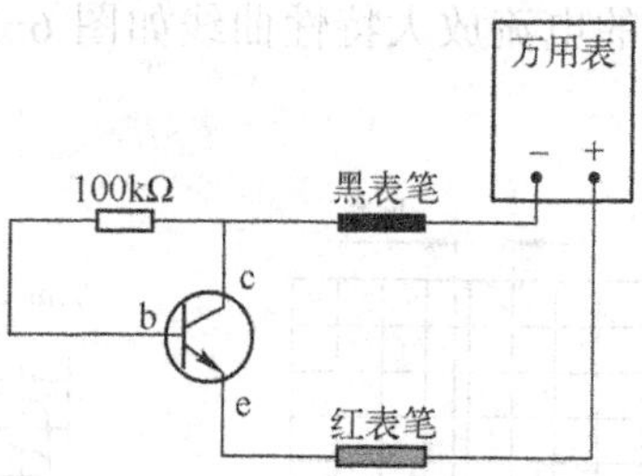

图 6-5　万用表测试三极管电流放大系数

三、实验时数：2 学时

四、实验设备及元器件

晶体管特性图示仪：1 台

万用表：1 块

稳压二极管：2CW19　1 只（或其他型号）
三极管：3DK2　1 只（或其他型号）

五、实验预习

（1）复习二极管和三极管的主要参数和输入、输出特性曲线。
（2）熟悉实验原理。

六、实验内容及步骤

1．晶体管特性图示仪使用前的准备工作

打开电源开关，预热 15 分钟，然后调节辉度、聚焦及辅助聚焦，使光点清晰。

2．晶体管特性图示仪测试二极管

将 2CW19 型稳压二极管按图 6-6 方式插入图示仪测试台的“C”“E”孔中，按照表 6-1 设置图示仪面板上各旋钮位置，然后逐渐加大“峰值电压”，在荧光屏上即可显示被测二极管的特性曲线。绘制显示的特性曲线，并根据特性曲线计算被测二极管的正向电压降和稳定电压。

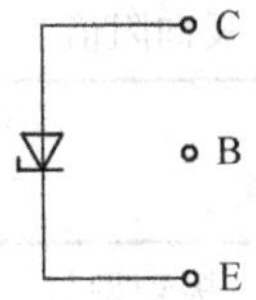

图 6-6　二极管接入方式

表 6-1　2CW19 型稳压二极管测试时仪器部件的置位

部　　件	置　　位	部　　件	置　　位
峰值电压范围	AC 0～10V	X 轴集电极电压	5V/度
功耗限止电阻	5kΩ	Y 轴集电极电流	1mA/度

3．晶体管特性图示仪测试三极管

将 3DK2 型晶体管插入图示仪测试台的“B”“C”“E”孔中，按照表 6-2 设置图示仪面板上各旋钮位置，然后逐渐加大“峰值电压”，在荧光屏上即可显示被测三极管的特性曲线。绘制显示的特性曲线，并根据特性曲线以及被测三极管的测试条件，计算被测三极管的 h_{FE} 和β。

表 6-2　3DK2 型晶体管 h_{FE}、β 测试时仪器部件的置位

部　　件	置　　位	部　　件	置　　位
峰值电压范围	0～10V	Y 轴集电极电流	1mA/度
集电极极性	+	阶梯信号	重复
功耗电阻	250Ω	阶梯极性	+
X 轴集电极电压	1V/度	阶梯选择	20μA

PNP 型三极管 h_{FE} 和β 的测量方法同上，只需改变扫描电压极性、阶梯信号极性，并把光点移至荧光屏右上角即可。

4. 万用表测试二极管

用万用表检测二极管的极性和正、反向阻值，并把结果填入表 6-3 中。

5. 万用表测试三极管

用万用表判别的三极管类型和引脚，测量穿透电流、电流放大系数的大小，把结果记录在表 6-4 中（引脚图从底面向上看）。

表 6-3　万用表测试二极管

二极管型号			
极性			
正向阻值			
反向阻值			

表 6-4　万用表测试三极管

三极管型号			
管型			
引脚图			
穿透电流 I_{CEO}			
电流放大系数 β			

七、实验报告

（1）用坐标纸画出图示仪测量的各特性曲线，并标出测试条件（图示仪相关控制旋钮的位置参数）。

（2）列表整理实验测得的各参数值。

八、实验思考

（1）利用晶体管图示仪测量晶体管参数时，应注意哪些问题？

（2）利用万用表欧姆挡测量晶体管参数时，应注意哪些问题？

实验七　基本放大电路

一、实验目的

（1）掌握静态工作点、电压放大倍数、输入电阻和输出电阻的测量方法。

（2）观察 Q 点对放大倍数和波形的影响。

二、实验原理

基本共射放大电路的实验参考电路如图 7-1 所示，图中 RP=1MΩ。

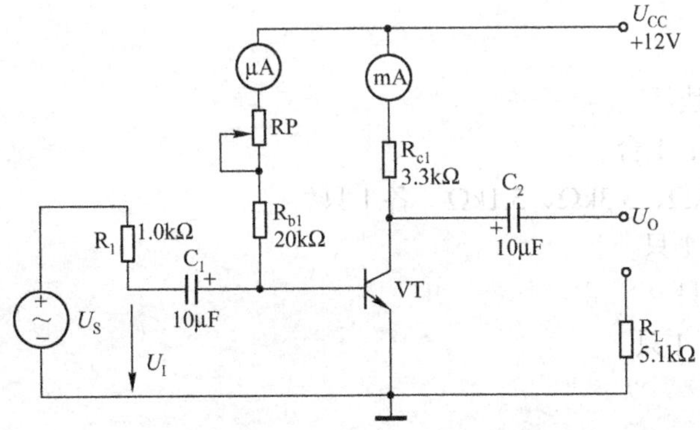

图 7-1　基本共射放大电路的实验参考电路

1. 参数的理论计算

1）静态工作点 Q

$$I_{BQ}=(U_{CC}-U_{BEQ})/R_B$$

$$I_{CQ}\approx\beta I_B$$

$$U_{CEQ}=U_{CC}-I_{CQ}\times R_{C1}$$

2）电压放大倍数

$$A_u=-\beta R_L'/r_{be}$$

式中，r_{be}=300+(1+β)×26(mV)/I_E(mA)，$R_L'=R_L//R_{C1}$。

3）输入电阻

$$R_I=R_{b1}+R_P//r_{be}$$

4）输出电阻

$$R_0\approx R_{C1}$$

2. 参数的测量方法

1）电压放大倍数 A_u

输出端接上 R_L，分别测出 U_O 和 U_I，代入公式 $A_u=U_O/U_I$ 中，计算出电压放大倍数。

2）输入电阻 R_I

分别测出 U_S 和 U_I，则 $R_I=R_1\times U_I/(U_S-U_I)$。在测量 R_I 时应注意：

（1）R_1 值不宜选择太大，否则容易引入干扰，也不宜过小，否则测量误差较大，通常取 R_1 和 R_I 为同一数量级。本实验 R_1 取 1kΩ左右。

（2）输出端接上 R_L，并用示波器观察波形，要求在输出不失真的条件下进行测量。

3）输出电阻 R_0

R_L 断开时测得的输出电压为 U'_O，R_L 接入时测得的输出电压为 U_O，则

$$R_0=(U'_O/U_O-1)R_L$$

三、实验时数：2 学时

四、实验设备及元器件

函数信号发生器：1 台
双踪示波器：1 台
微安表：1 块
万用表：1 块
交流毫伏表：1 块
模拟电路实验箱：1 台
电阻：1kΩ、20kΩ、3.3kΩ、5.1kΩ　各 1 只
电位器：1MΩ　1 只
电容：10μF　2 只
三极管：3DG6　1 只

五、实验预习

（1）复习共射极基本放大电路的工作原理。
（2）计算图 7-1 电路的静态工作点 Q、电压放大倍数、输入电阻和输出电阻（取 RP=0）。

六、实验内容及步骤

1. 连接电路

按图 7-2 连接电路，将微安表和万用表调至直流电流挡最大量程处，直流电源输出 12V 电压。

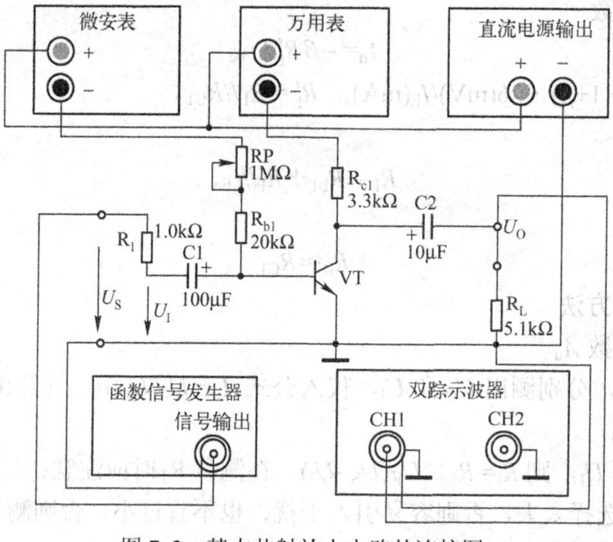

图 7-2　基本共射放大电路的连接图

2. 测试所用管子的 β 值

关闭函数信号发生器，调节 RP 使微安表指示 40μA（即 I_{B1}=40μA），读出万用表的指示值 I_{C1}（保持 U_{CE} 恒定）；再次调节 RP，使微安表指示 60μA（即 I_{B2}=60μA），读出万用表的指示值 I_{C2}（保持 U_{CE} 恒定），则 $\beta=(I_{C2}-I_{C1})/(I_{B2}-I_{B1})$。

3. 测量静态工作点

（1）关闭函数信号发生器，调节 RP，使 U_{CE}= 6～7 V。

（2）打开函数信号发生器，并使其输出 1kHz、5mV 正弦波信号。

（3）用示波器观察输出波形，若输出信号无失真，则关闭函数信号发生器，读出微安表 I_{BQ} 的示数和万用表的示数 I_{CQ}。然后将此万用表从电路中取出，取出后需要将直流电源的正极与 R_{c1} 的上端相接，再将此万用表调至直流电压挡，测出 U_{BEQ}、U_{CEQ}。

4. 测量电压放大倍数

打开函数信号发生器，用交流毫伏表分别测出 U_I 和 U_O，计算 A_u。

5. 测量输入电阻

打开函数信号发生器，用交流毫伏表分别测出 U_S、U_I 后，代入公式 R_I= 1kΩ×$U_I/(U_S-U_I)$ 中，计算 R_I。

6. 测量输出电阻

接入 R_L，用交流毫伏表测出此时的输出电压 U_O，然后断开 R_L，再用交流毫伏表测出此时的输出电压为 U'_O，将 U_O、U'_O 和 R_L 值代入公式 R_0=（U'_O/U_O-1）R_L 中，计算 R_0。

7. 观察 Q 点对输出波形的影响

（1）保证上述静态工作点不变，逐渐增加函数信号发生器的输出幅度，直至输出波形的正峰值或负峰值刚要出现削波失真，记录此时的 u_O 波形，并保持 u_I 幅值不变。

（2）按表 7-1 调节 RP，记录输出波形形状，并测量 U_{CEQ}。

表 7-1　Q 点对输出波形的影响

给 定 条 件	u_O 波形	U_{CEQ}
R_P=1MΩ		
R_P=0.5MΩ		
R_P=0Ω		
R_P 合适大小		

七、实验报告

（1）自拟表格记录实验数据，并与计算值相比较。

（2）通过实验数据说明静态工作点对放大器性能的影响。

（3）讨论电路参数对静态工作点的影响。

八、实验思考

（1）在 R_L 确定的情况下，如何通过实验设置静态工作点来获得最大动态输出范围。

（2）为什么减小 R_L 值，有利于减小饱和失真，而截止失真随 R_L 的减小反趋严重？

实验八　负反馈放大电路

一、实验目的

（1）理解负反馈对放大电路性能的影响。

（2）进一步熟悉放大器性能指标的测量方法。

二、实验原理

反馈放大器有四种类型，即电压串联型、电流串联型、电压并联型和电流并联型，图 8-1 所示电路为电压串联负反馈放大器。

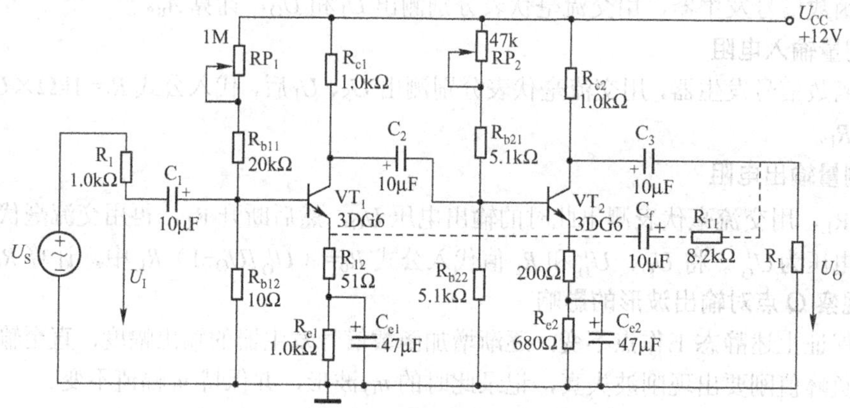

图 8-1　电压串联负反馈放大电路

1．电压串联负反馈电压放大倍数 A_{uf}

$$A_{uf}=\frac{A_u}{1+A_uF_u}$$

式中，A_u 为基本放大器的电压放大倍数；F_u 为反馈系数；A_{uf} 为负反馈放大器的电压放大倍数；$1+A_uF_u$ 为反馈深度。

深度负反馈条件下

$$A_{uf}\approx\frac{1}{F_u}$$

2．电压串联负反馈输入电阻 R_{if}

$$R_{if}=R_i(1+A_uF_u)$$

式中，R_i 为基本放大器的输入电阻。

3．电压串联负反馈输出电阻 R_{of}

$$R_{of}=R_0/(1+A_{us}F_u)$$

式中，R_0 为基本放大器的输出电阻；A_{us} 为负载开路时的电压放大倍数。

4．负反馈对放大倍数稳定性的影响

由 $A_{uf}=\dfrac{A_u}{1+A_uF_u}$ 可得：

$$\frac{dA_{uf}}{dA_u}=\frac{1}{(1+A_uF_u)^2}$$

上式表明，有反馈时的相对变化量减小为无反馈时的 $1/(1+A_uF_u)$倍，提高了稳定性。

三、实验时数：2 学时

四、实验设备及元器件

函数信号发生器：1 台

双踪示波器：1 台

毫伏表：1 台

万用表：1 块

模拟电路实验箱：1 台

电阻：1kΩ　4 只，5.1kΩ　2 只，20kΩ、10kΩ、8.2kΩ、1.2kΩ、2.7kΩ、51Ω、200Ω、680Ω　各 1 只

电容：10μF　4 只，47μF　2 只

电位器：1MΩ、47kΩ　各 1 只

五、实验预习

（1）复习负反馈放大电路的工作原理。

（2）计算图 8-1 电路在深度负反馈条件下的电压放大倍数、输入电阻和输出电阻。

六、实验内容及步骤

1. 测量静态工作点

接图 8-2 连接电路（虚线部分暂不接入），直流电源输出 12V 电压，R_L 的阻值为 2.7kΩ。函数信号发生器输出 1kHz 的正弦波，用示波器观察输出波形，逐渐增大函数信号发生器的

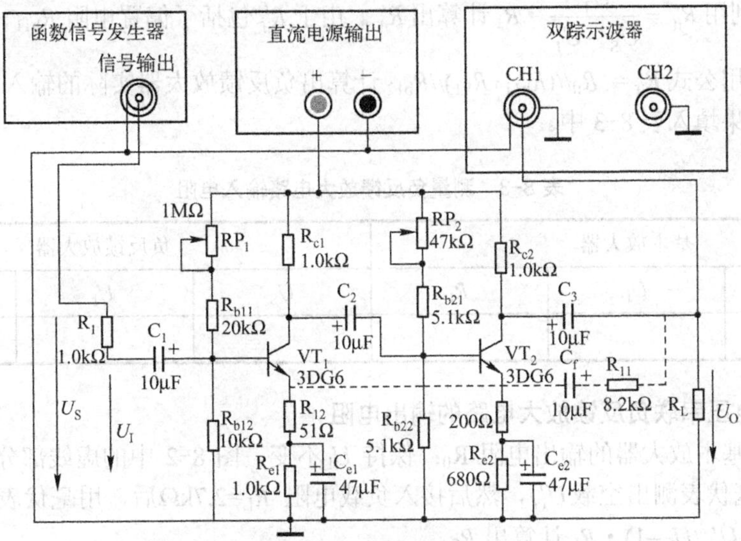

图 8-2　电压串联负反馈放大电路连接图

输出信号幅度，配合调节 RP_1、RP_2，使输出最大且不失真时关闭函数信号发生器，用万用表测量三极管三个电极对地的电位，并将测量数据填入表 8-1 中。

表 8-1 静态工作点参数测试

晶 体 管	测 试 值		
	V_B	V_C	V_E
VT_1			
VT_2			

2. 测量电压放大倍数

打开函数信号发生器，图 8-2 中的虚线部分不接入电路，用毫伏表分别测量 U_O 和 U_I。然后接入虚线部分，再分别测量 U_O 和 U_I，并将测量结果填入表 8-2 中，计算出 A_u 和 A_{uf}。

表 8-2 电压放大倍数测量

基本放大器			负反馈放大器		
U_O	U_I	A_u	U_O	U_I	A_{uf}

3. 测量电压串联负反馈放大电路的输入电阻

（1）测量基本放大器的输入电阻：打开函数信号发生器，图 8-2 中的虚线部分不接入电路，分别用毫伏表测量 U_S 和 U_I。利用 $R_I' = \dfrac{U_I}{U_S - U_I} \cdot R_1$ 计算出 R_I'。由于 R_I' 包括了偏置电阻 R_{b11}、R_{P1} 和 R_{b12} 的影响，因此需利用公式 $R_I' = R_I // (R_{b11}+R_{P1}) // R_{b12}$ 计算出基本放大器的实际输入电阻 R_I。

（2）测量负反馈放大器的输入电阻：接入虚线部分（见图 8-2），分别用毫伏表测量此时的 U_S 和 U_I，利用 $R_{if}' = \dfrac{U_I}{U_S - U_I} \cdot R_1$ 计算出 R_{if}'。由于 R_{if}' 包括了偏置电阻 R_{b11}、R_{P1}、R_{b12} 的影响，因此需利用公式 $R_{if}' = R_{if} // (R_{b11}+R_{P1}) // R_{b12}$ 计算出负反馈放大器实际的输入电阻 R_{if}，并将测量和计算结果填入表 8-3 中。

表 8-3 测量负反馈放大电路输入电阻

基本放大器			负反馈放大器		
U_S	U_I	R_I	U_S	U_I	R_{if}

4. 测量电压串联负反馈放大电路的输出电阻

（1）测量基本放大器的输出电阻 R_0：保持 U_I 不变，图 8-2 中的虚线部分不接入电路，断开 R_L，用毫伏表测出空载 U_O'，然后接入负载电阻 R_L=2.7kΩ后，用毫伏表测出输出电压 U_O。利用 $R_0=(U_O'/U_O-1) \cdot R_L$ 计算出 R_0。

（2）测量负反馈放大器的输出电阻 R_{of}：保持 U_I 不变，虚线部分接入电路（见图 8-2），

断开 R_L，用毫伏表测出空载 U'_{of}，然后接入负载电阻 R_L=2.7kΩ后，用毫伏表测出输出电压 U_{of}。利用 $R_{of}=(U'_{of}/U_{of}-1)\cdot R_L$ 计算出 R_{of}，并将测量和计算结果填入表 8-4 中。

表 8-4　测量负反馈放大电路输出电阻

基本放大器			负反馈放大器		
U'_O	U_O	R_0	U'_{of}	U_{of}	R_{of}

5．验证输出电压的稳定性

保持 U_I 不变，图 8-2 中的虚线部分不接入电路，用毫伏表分别测出 R_L 值为 1.2kΩ和 2.7kΩ时的输出电压 U_O，计算出 U_O 的变化量。然后将虚线部分接入电路，再用毫伏表分别测出 R_L 值为 1.2kΩ和 2.7kΩ时的输出电压 U_{of}，计算出 U_{of} 的变化量，并将测量和计算结果填入表 8-5 中。

表 8-5　验证输出电压稳定性

R_L(kΩ)	基本放大器		负反馈放大器	
	输出电压 U_O	U_O 变化量	输出电压 U_{of}	U_{of} 变化量
1.2				
2.7				

七、实验报告

（1）整理实验数据，并与计算值相比较。

（2）根据实验数据定量分析电压串联负反馈对放大器输出电压、输入电阻、输出电阻的影响。

八、实验思考

（1）为什么说当串联负反馈电路的偏置电阻不大时，串联负反馈增大输入电阻的性能就不明显？

（2）分析电压负反馈能够稳定输出电压的过程。

实验九　集成运算放大电路

一、实验目的

（1）验证集成运算放大器的加、减法运算关系。

（2）掌握集成运算放大器选择电路元件的依据。

二、实验原理

集成运算放大器F007C或μA741的引脚排列如图9-1所示。引脚②为反相输入端；引脚③为同相输入端；引脚⑥为输出端；引脚④为负电源端，接-12V电位；引脚⑦为正电源端，接+12V 电位；引脚⑧是空脚，使用时可以悬空处理。引脚①和引脚⑤是外接调零补偿电位器端，集成运算放大器的电路参数和晶体管特性不可能完全对称，因此，在实际应用中，若输入信号为零而输出信号不为零时，就需调节引脚①和引脚⑤之间电位器RP的数值，调至输入信号为零、输出信号也为零时方可。

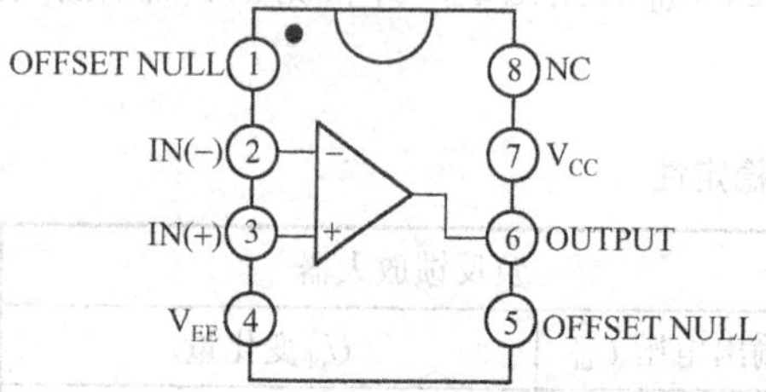

图9-1　集成运算放大器的引脚排列

由集成运算放大器组成的反相比例运算电路、同相比例运算电路、反相加法运算电路以及减法运算电路分别如图9-2～图9-5所示。

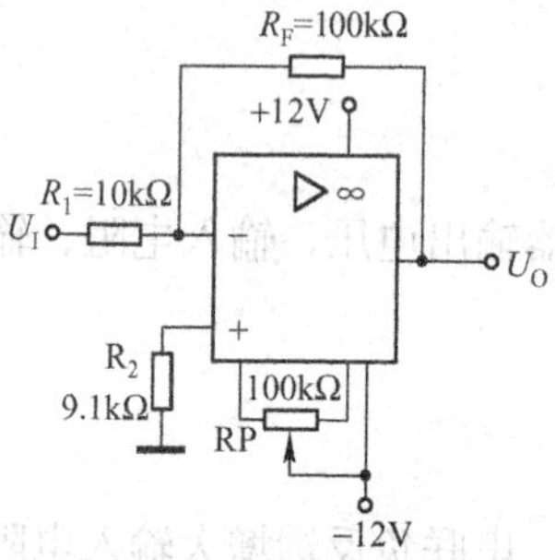

图9-2　反相比例运算电路

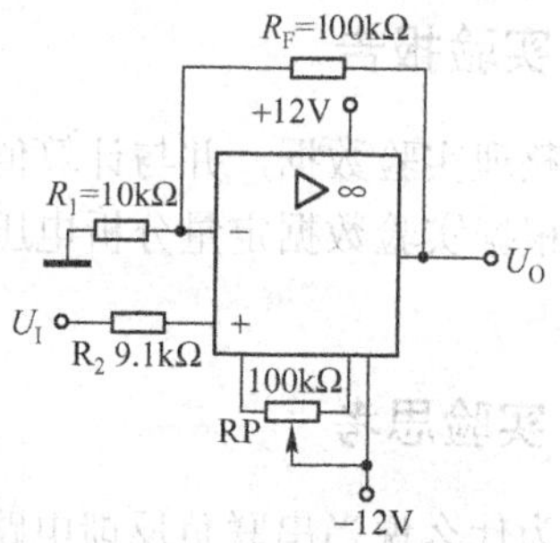

图9-3　同相比例运算电路

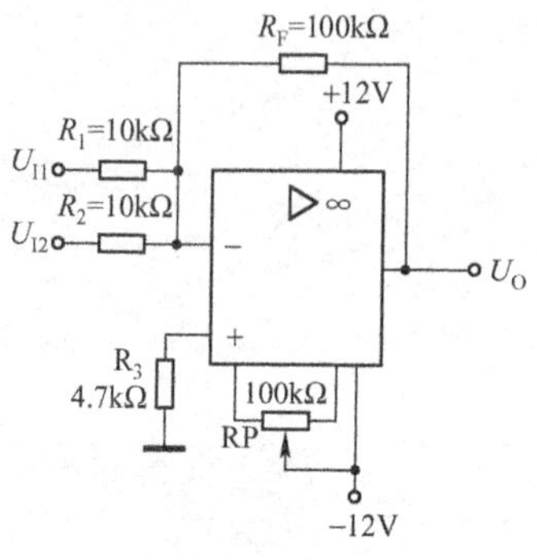

图9-4　反相加法运算电路

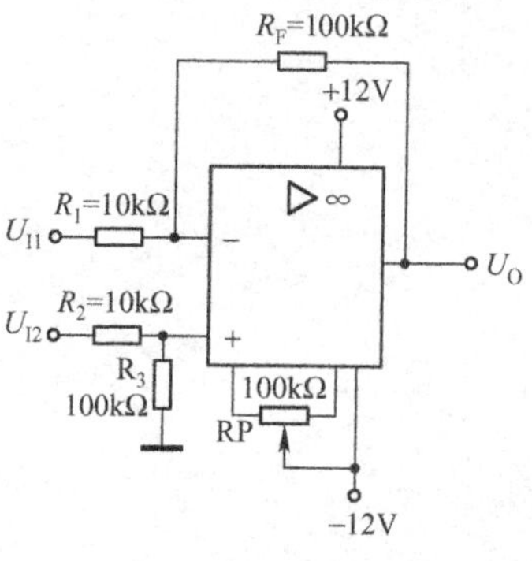

图9-5　减法运算电路

各运算电路输出与输入的关系如下：

图 9-2 反相比例运算电路：$U_O = -\frac{R_F}{R_1}U_I$　　平衡电阻 $R_2 = R_1 // R_F$

图 9-3 同相比例运算电路：$U_O = \left(1+\frac{R_F}{R_1}\right)U_I$　　平衡电阻 $R_2 = R_1 // R_F$

图 9-4 反相加法运算电路：$U_O = -\left(\frac{R_F}{R_1}U_{I1}+\frac{R_F}{R_2}U_{I2}\right)$　　平衡电阻 $R_3 = R_1 // R_2 // R_F$

若 $R_1=R_2=R_F$，则 $U_O = -(U_{I1}+U_{I2})$

图 9-5 减法运算电路：若 $R_1=R_2$，$R_3=R_F$，则 $U_O = \frac{R_F}{R_1}(U_{I2}-U_{I1})$

若 $R_1=R_2=R_3=R_F$，则 $U_O = (U_{I2}-U_{I1})$

三、实验时数：2 学时

四、实验设备及元器件

函数信号发生器：2 台
万用表：1 块
模拟电路实验箱：1 台
集成运算放大器：F007C 或μA741　1 只
电阻：10kΩ　2 只，100kΩ　2 只，9.1kΩ、4.7kΩ　各 1 只
电位器：100kΩ　1 只

五、实验预习

（1）复习有关集成运算放大器线形应用方面的内容。
（2）熟悉集成运算放大器 F007C 或μA741 的引脚分布。
（3）分别计算图 9-2～图 9-5 的输出电压。

六、实验内容及步骤

1. 反相比例运算电路

按照图 9-6 电路连接，直流电源 1 和 2 均输出 12V 电压。连接完毕后关闭函数信号发生器（使输入信号 U_I 为零），打开两个电源，然后调节调零电位器 RP，用万用表直流电压挡监测输出，使输出 U_O 也为零，然后打开函数信号发生器使其输出 100Hz、0.5V 的正弦波交流信号，用万用表交流电压挡测量 U_O 的大小，并记录。

2. 同相比例运算电路

按照图 9-7 电路连接，直流电源 1 和 2 均输出 12V 电压。连接完毕后关闭函数信号发生器（使输入信号 U_I 为零），打开两个电源，然后调节调零电位器 RP，用万用表直流电压挡监测输出，使输出 U_O 也为零，然后打开函数信号发生器使其输出 100Hz、0.5V 的正弦波交流信号，用万用表交流电压挡测量 U_O 的大小，并记录。

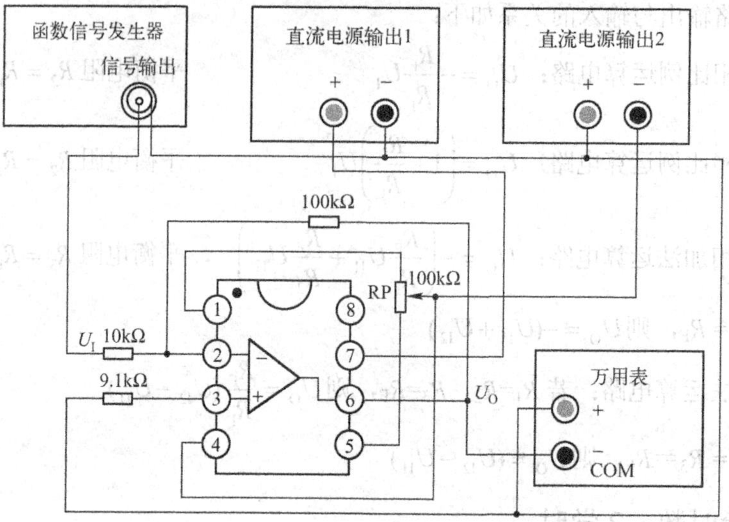

图 9-6　反相比例运算电路连接图

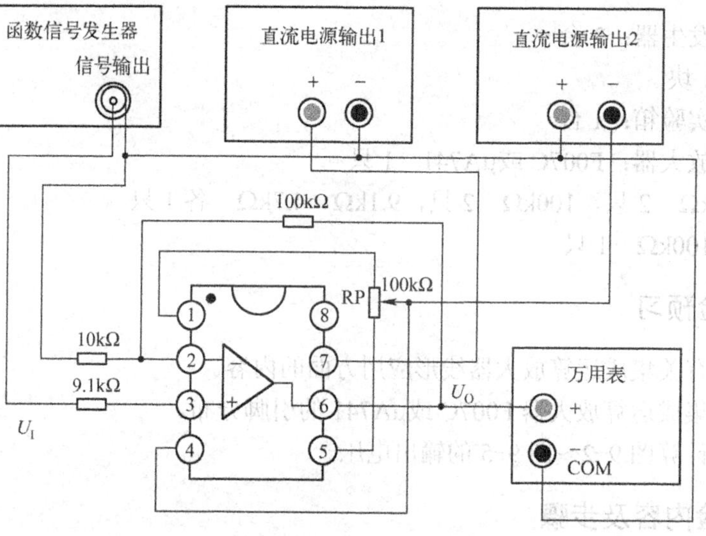

图 9-7　同相比例运算电路连接图

3．反相加法运算电路

按照图 9-8 电路连接，直流电源 1 和 2 均输出 12V 电压。连接完毕后关闭函数信号发生器 1 和 2（使输入信号 U_{I1} 和 U_{I2} 为零），打开两个电源，然后调节调零电位器 RP，用万用表直流电压挡监测输出，使输出 U_O 也为零，然后打开函数信号发生器 1 和 2 使其分别输出 100Hz、0.5V 和 100Hz、1V 的正弦波交流信号，用万用表交流电压挡测量 U_O 的大小，并记录。

4．减法运算电路

按照图 9-9 电路连接，直流电源 1 和 2 均输出 12V 电压。连接完毕后关闭函数信号发生器 1 和 2（使输入信号 U_{I1} 和 U_{I2} 为零），打开两个电源，然后调节调零电位器 RP，用万用表直流电压挡监测输出，使输出 U_O 也为零，然后打开函数信号发生器 1 和 2 使其分别输出 100Hz、0.5V 和 100Hz、1V 的正弦波交流信号，用万用表交流电压挡测量 U_O 的大小，并记录。

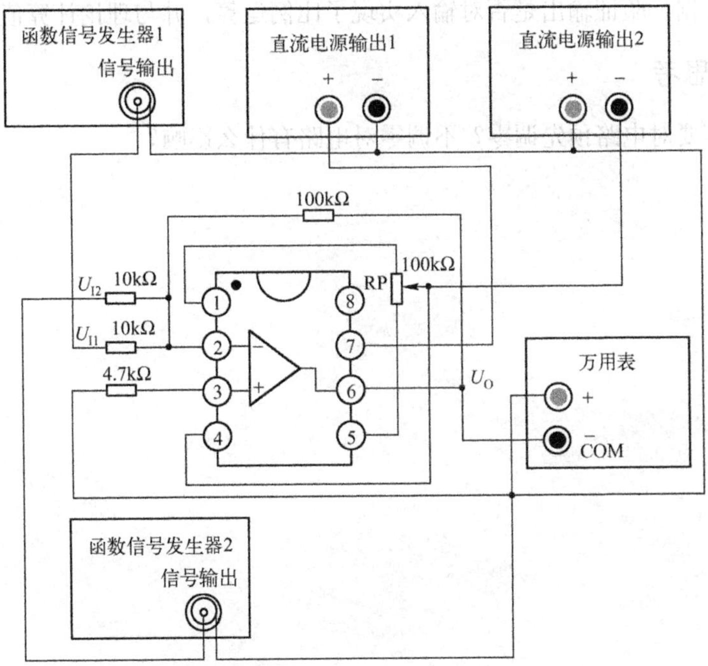

图 9-8　反相加法运算电路连接图

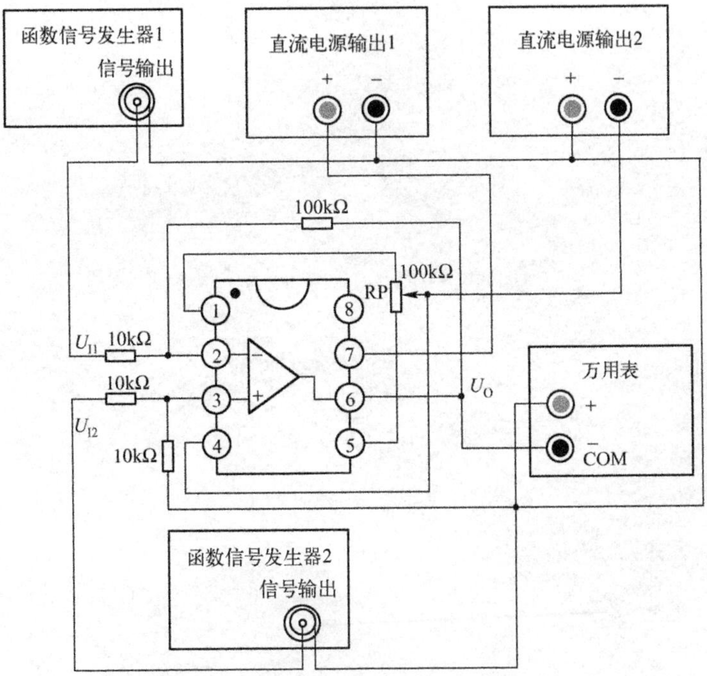

图 9-9　减法运算电路连接图

七、实验报告

整理实验数据，验证输出是否对输入实现了比例运算，并与理论计算值比较。

八、实验思考

实验中为何要对电路预先调零？不调零对电路有什么影响？

实验十　功率放大电路

一、实验目的

（1）熟悉互补对称式 OTL 功率放大电路的工作原理。

（2）掌握输出功率、电源功率和电源效率的测量方法。

（3）验证自举电路的作用。

（4）验证交越失真产生的原因及其解决方法。

二、实验原理

图 10-1 是带自举电路的 OTL 功率放大电路。在 $U_I=0$ 时，适当调节 RP 可使 B 点电位 $U_B=U_{CC}/2$。当有信号 $U_I=\sin\omega t$ 时，在信号的负半周经 VT_1 放大反相后加到 VT_2、VT_3 的基极，使 VT_2 导通、VT_3 截止，有电流流过 R_L，同时向电容 C_2 充电，形成输出电压 U_O 的正半周波形。在信号的正半周经 VT_1 放大反相后加到 VT_2、VT_3 的基极，使 VT_2 截止、VT_3 导通，已充电的电容 C_2 通过 VT_3 和 R_L 放电，形成输出电压 U_O 的负半周波形。当 u_I 周而复始变化时，VT_2、VT_3 交替工作，负载 R_L 上可得到完整的正弦波。

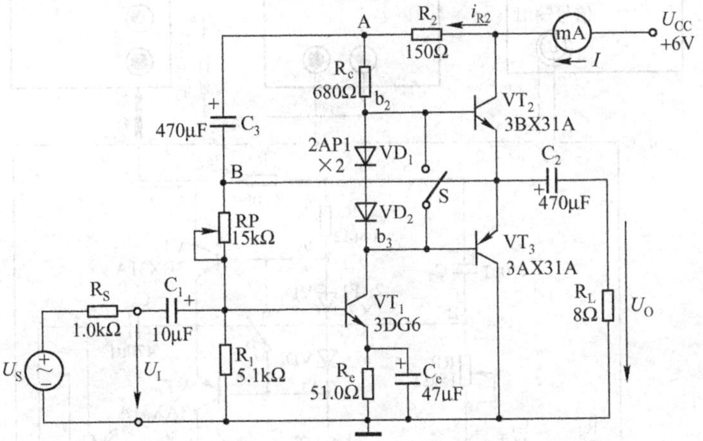

图 10-1　带自举电路的 OTL 功率放大电路

在图 10-1 中，R_2、C_3 组成自举电路。当 R_2C_3 的乘积足够大时，电容 C_3 两端的电压 U_{C3} 基本为常数，由于 $U_A=U_B+U_{C3}$，所以当 B 点电位 U_B 升高时，A 点电位 U_A 也随之升高，使 VT_2 充分导通，从而提高输出电压 u_O 的幅度。这种工作方式称为“自举”，意思是电路本身把 U_A 提高了。

三、实验时数：2 学时

四、实验设备及元器件

双踪示波器：1 台

函数信号发生器：1 台

交流毫伏表：1 块

万用表：1 块

模拟电路实验箱：1 台

电阻：1kΩ、5.1kΩ、51Ω、680Ω、150Ω、8Ω　各 1 只

电位器：15kΩ　1 只

电容：10μF、47μF　各 1 只，470μF　2 只

三极管：3DG6　1 只，3AX31A、3BX31A　各 1 只

二极管：2AP1　2 只

五、实验预习

（1）复习 OTL 功率放大电路的组成及各部分的作用。

（2）熟悉交越失真产生的原因及其解决方法。

六、实验内容及步骤

（1）将万用表调至直流电压挡 5V 量程处，按图 10-2 连接电路，断开开关 S，函数信号发生器关闭，直流电源输出 6V 电压。

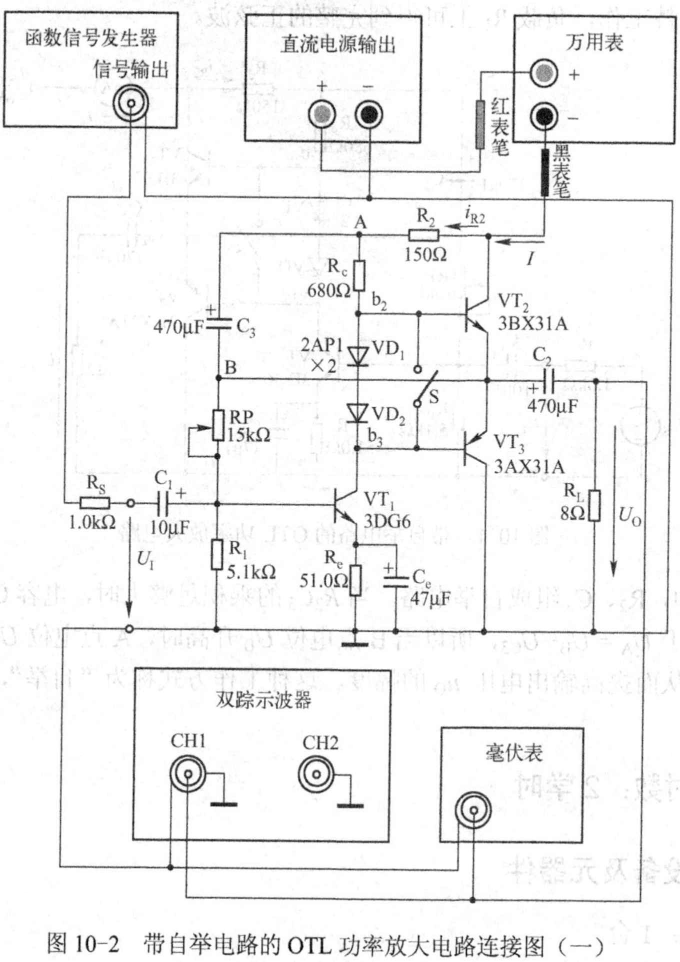

图 10-2　带自举电路的 OTL 功率放大电路连接图（一）

（2）调节 RP，使万用表指示 3V。

（3）关闭直流电源，将万用表从图 10-2 电路中取出，再将万用表调至直流电流挡 50mA 量程处，然后按图 10-3 所示将万用表接入电路。

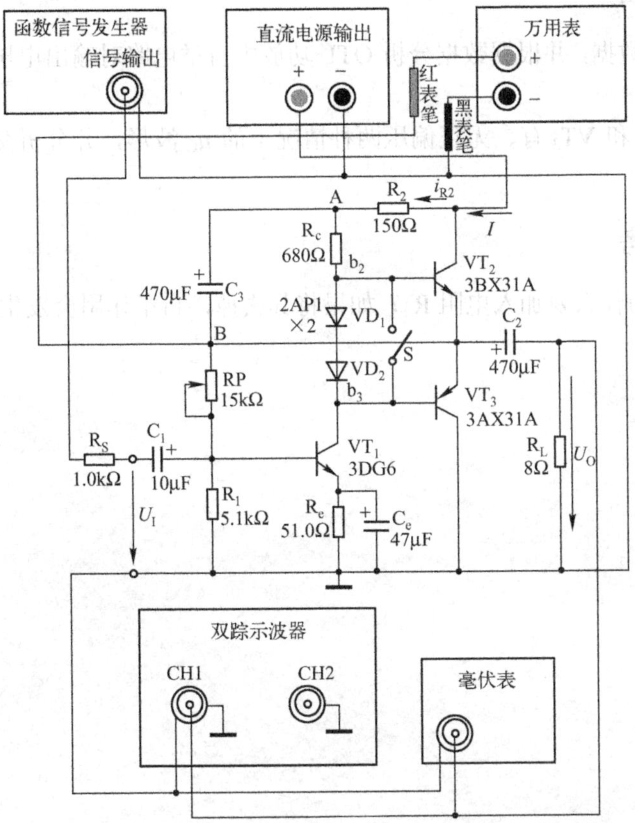

图 10-3　带自举电路的 OTL 功率放大电路连接图（二）

（4）打开函数信号发生器，使其输出 1kHz 正弦波信号，用示波器观察输出电压 u_O 的波形。然后逐渐加大函数信号发生器的输出信号幅度，当 u_O 出现临界削波时，从毫伏表中读出此时输出电压 U_O，调节万用表量程使其有合适的偏转，从中读出电流 I，填入表 10-1，并计算输出功率 P_{om}、电源功率 P_V 和效率 η。

表 10-1　加入自举电路时的参数测量

U_O(V)	I(mA)	$P_{om}=U_O^2/R_L$ (W)	$P_V=U_{CC}\times I$(W)	$\eta=P_{om}/P_V$

（5）断开电容 C_3，在不加自举的情况下，调节函数信号发生器的输出信号幅度，当 u_O 出现临界削波时，测出此时的输出电压 U_O 和电流 I，填入表 10-2，并计算此时的输出功率 P_{om}、电源功率 P_V 和效率 η。

表 10-2　不加入自举电路时的参数测量

U_O(V)	I(mA)	$P_{om}=U_O^2/R_L$ (W)	$P_V=U_{CC}\times I$(W)	$\eta=P_{om}/P_V$

（6）保持内容（4）函数信号发生器的输出信号幅度不变，分别将开关 S 断开和接通，用示波器观察 VT_2 和 VT_3 有、无正偏压两种情况下的 u_O 波形，并记录波形。

七、实验报告

（1）整理实验数据，并根据数据分析 OTL 功放中自举电路对输出电压幅度和电源效率的作用。

（2）绘出 VT_2 和 VT_3 有、无正偏压两种情况下的 u_O 波形，并分析交越失真产生的原因和解决方法。

八、实验思考

在图 10-2 中为什么要加入电阻 R_2？如果将其去掉，自举作用会发生什么变化？

实验十一　正弦波振荡电路

一、实验目的

（1）熟悉 RC 桥式正弦波振荡器的组成，验证振荡条件。

（2）验证 RC 串、并联选频网络的选频作用。

（3）测量振荡频率。

二、实验原理

由集成运算放大器组成的 RC 桥式正弦波振荡器如图 11-1 所示。该电路中集成运算放大器用做同相放大器，放大倍数为 $\dot{A}$。RC 串、并联选频网络用做正反馈，反馈系数为 $\dot{F}$。

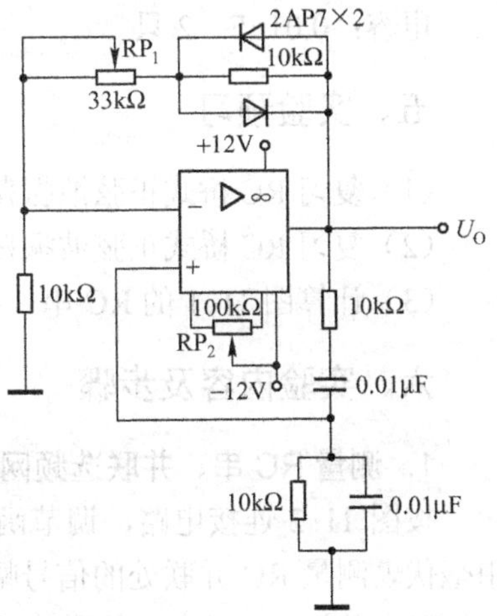

图 11-1　RC 桥式正弦波振荡器

振荡电路的幅度平衡条件为 $|\dot{A}\dot{F}|=1$，相位平衡条件为 $\varphi_A+\varphi_F=\pm 2n\pi$（$n=0,1,2,\cdots$），其中 φ_A 为放大器相移角，φ_F 为选频网络相移角，起振条件为 $|\dot{A}\dot{F}|>1$。

图 11-1 中 RC 串、并联选频网络的反馈系数为 $\dot{F}=\dfrac{1}{3+\mathrm{j}\left(\dfrac{\omega}{\omega_0}-\dfrac{\omega_0}{\omega}\right)}$，式中 $\omega_0=1/RC$。

幅度为

$$|\dot{F}|=1\Big/\sqrt{3^2+\left(\frac{\omega}{\omega_0}-\frac{\omega_0}{\omega}\right)^2}$$

相移角为

$$\varphi_F=-\tan^{-1}\frac{\dfrac{\omega}{\omega_0}-\dfrac{\omega_0}{\omega}}{3}$$

当 $\omega=\omega_0=1/RC$ 时，$|\dot{F}|=1/3$，$\varphi_F=0$。由于集成运算放大器用做同相放大器，故放大器的相移角 $\varphi_A=0$，因此 $\varphi_A+\varphi_F=0$，电路满足相位条件。此时，由幅度平衡条件 $|\dot{A}\dot{F}|=1$ 可知，如果集成运算放大器的放大倍数 $|\dot{A}|=3$，即可满足振荡的幅度平衡条件。

由 $|\dot{A}\dot{F}|>1$ 可知，电路的起振条件为 $|\dot{A}|>3$。但 $|\dot{A}|$ 不能过大，否则振荡的幅度将受到晶体管非线性的限制，波形失真严重。为了达到稳幅振荡的目的和改善输出波形，还可以引入非线性电阻用做反馈元件，如图 11-1 中所示的两个二极管。

三、实验时数：2 学时

四、实验设备及元器件

示波器：1 台

函数信号发生器：1 台

毫伏表：1 块
万用表：1 块
模拟电路实验箱：1 台
集成运算放大器：F007C 或μA741　1 只
电阻：10Ω　4 只
电位器：33kΩ、100kΩ　各 1 只
二极管：2AP7　2 只
电容：0.01μF　2 只

五、实验预习

（1）复习 RC 桥式正弦波振荡器的组成及各部分的作用。
（2）复习 RC 桥式正弦波振荡器从起振到稳幅振荡的工作过程。
（3）计算图 11-1 的 RC 串、并联选频网络的选频频率。

六、实验内容及步骤

1．测量 RC 串、并联选频网络的选频特性

按图 11-2 连接电路，调节函数信号发生器 U_S，使其输出 3V 信号，然后改变其频率，用毫伏表测量 RC 并联处的信号幅度 U_O，观察并记录不同信号频率对应的 U_O，根据记录的数据确定并记录 RC 串、并联选频网络的谐振频率 f_0。

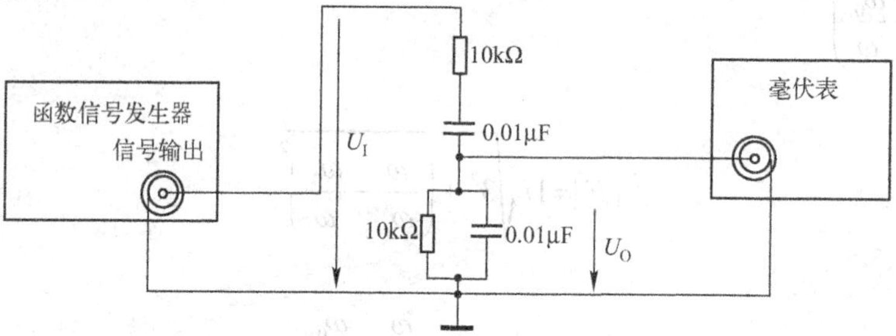

图 11-2　RC 串、并联选频网络

2．运算放大器调零

按图 11-3 连接电路，关闭函数信号发生器（U_S 为零），调节万用表至直流电压挡，打开直流电源使其均输出 12V 电压，然后调节 RP_2，使万用表指示为零（U_O 为零），然后关闭直流电源。

3．调节放大器放大倍数

将图 11-3 中的万用表去掉，接入示波器和毫伏表，如图 11-4 所示，然后打开函数信号发生器，使其输出实验内容 1 测定的频率 f_0，再打开直流电源，然后调整负反馈电阻 RP_1，观察示波器中的波形不失真，读出毫伏表指示值（U_O 值），再利用函数信号发生器输出的 U_S 值，计算出 $A_{uf}=U_O/U_S$，使 $A_{uf}>3$，然后关闭函数信号发生器和直流电源。

4．测量振荡频率

将图 11-4 中的函数信号发生器去掉，输出端和输入端接入 RC 选频网络，如图 11-5 所示，调整负反馈电阻 RP_1，使输出波形幅值增大且不失真，观察示波器中是否有振荡波形，

如果有振荡波形，测量并记录振荡频率。

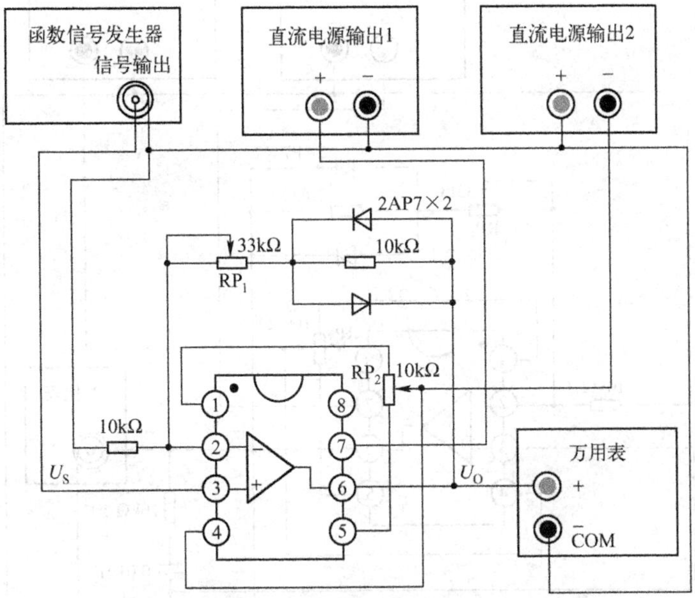

图 11-3　RC 桥式正弦波振荡器调零测量电路

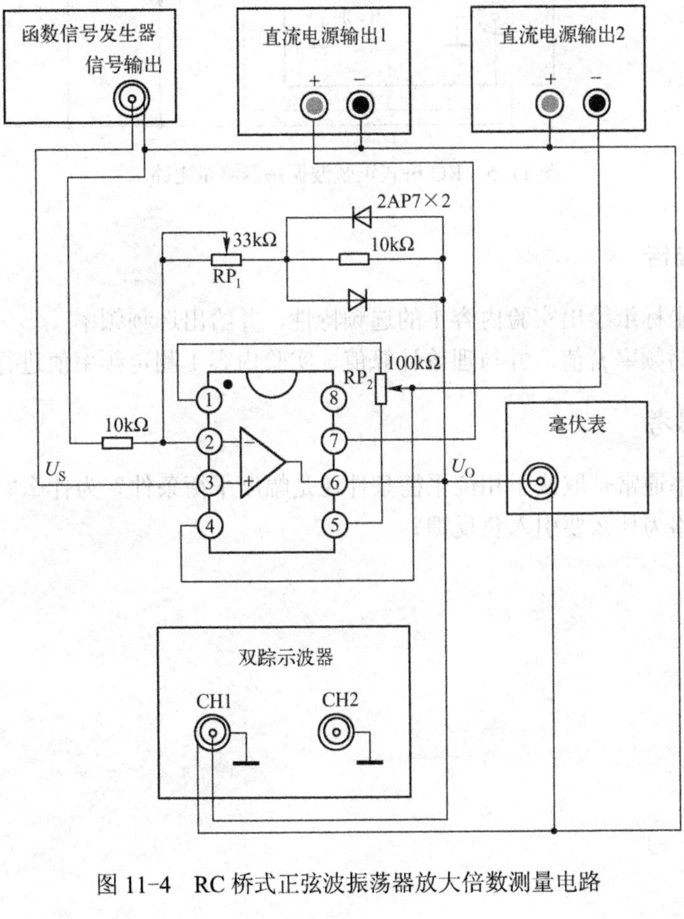

图 11-4　RC 桥式正弦波振荡器放大倍数测量电路

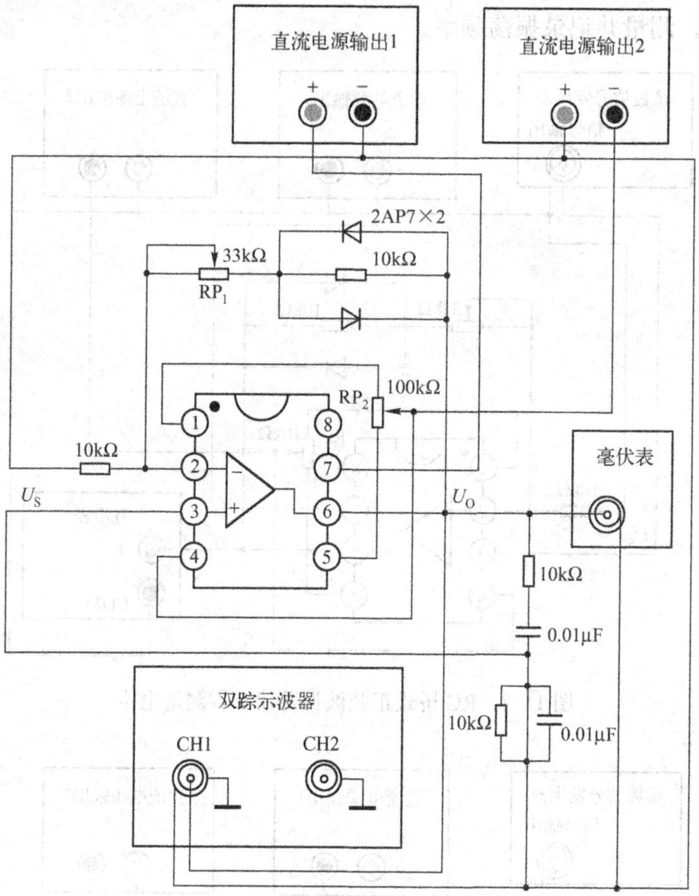

图 11-5　RC 桥式正弦波振荡器测量电路二

七、实验报告

（1）用对数坐标纸绘出实验内容 1 的选频特性，并给出选频频率。

（2）记录振荡频率 f_0 值，并与理论计算值、实验内容 1 测定频率值进行比较。

八、实验思考

（1）振荡频率通常是取决于相位平衡条件还是幅度平衡条件？为什么？

（2）振荡电路为什么要引入负反馈？

实验十二　直流稳压电源

一、实验目的

（1）熟悉整流、滤波、稳压电路的构成及工作原理，验证各部分的功能。

（2）掌握整流、滤波、稳压电路的测量方法。

二、实验原理

1．整流滤波电路

图 12-1 为由二极管、电阻、电容组成的整流、滤波电路。220V 市电通过变压器降压，变换成整流电路所需的输入电压 U_2，经过二极管整流和电容滤波变为含有脉动分量的直流电压。VD_1～VD_4 为整流器件，其作用是将正负变化的交流电压变为单方向的脉动电压。C_1、C_2 和 R 组成“π”型滤波器，利用电容的储能作用，使输出整流电压趋于平滑。

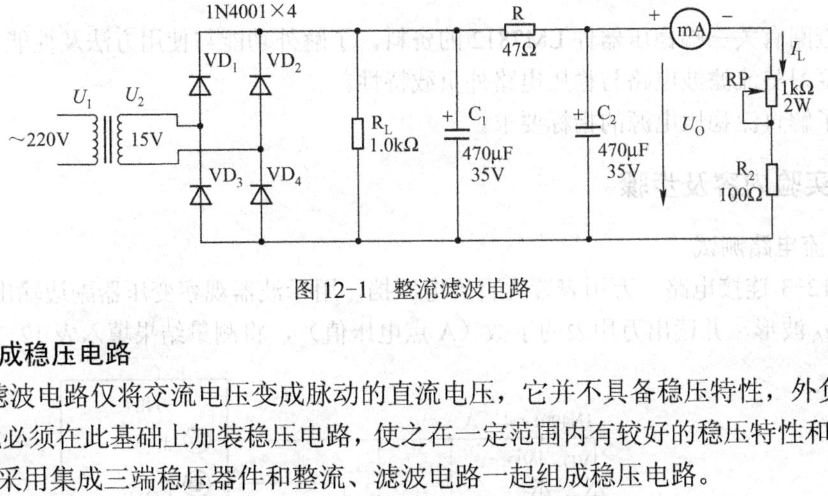

图 12-1　整流滤波电路

2．集成稳压电路

整流滤波电路仅将交流电压变成脉动的直流电压，它并不具备稳压特性，外负载特性也较差，因此必须在此基础上加装稳压电路，使之在一定范围内有较好的稳压特性和负载特性。图 12-2 为采用集成三端稳压器件和整流、滤波电路一起组成稳压电路。

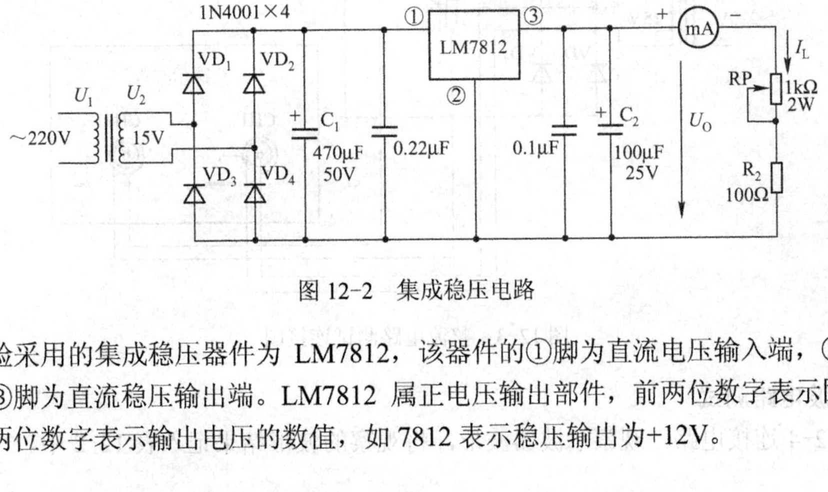

图 12-2　集成稳压电路

本实验采用的集成稳压器件为 LM7812，该器件的①脚为直流电压输入端，②脚为公共接地端，③脚为直流稳压输出端。LM7812 属正电压输出部件，前两位数字表示固定正电压输出，后两位数字表示输出电压的数值，如 7812 表示稳压输出为+12V。

三、实验时数：2 学时

四、实验设备及元器件

双踪示波器：1 台
交流毫伏表：1 块
万用表：2 块
模拟电路实验箱：1 台
变压器：1 只
二极管：1N4001　4 只
电阻：1kΩ、47Ω、100Ω　各 1 只
电容：470μF/35V　2 只、470μF/50V、470μF/25V、0.22μF、0.1μF　各 1 只
电位器：1kΩ/2W　1 只
集成稳压器：LM7812　1 只

五、实验预习

（1）查阅有关三端稳压器件 LM7812 的资料，了解外功能与使用方法及性能。
（2）复习整流滤波电路与稳压电路外负载特性。
（3）了解直流稳压电源的指标要求。

六、实验内容及步骤

1．整流电路测试

按图 12-3 连接电路，万用表置为直流电压挡，用示波器观察变压器副边输出电压 u_2 和 A 点电压 u_A 波形，并读出万用表的示数（A 点电压值），将测量结果填入表 12-1 中。

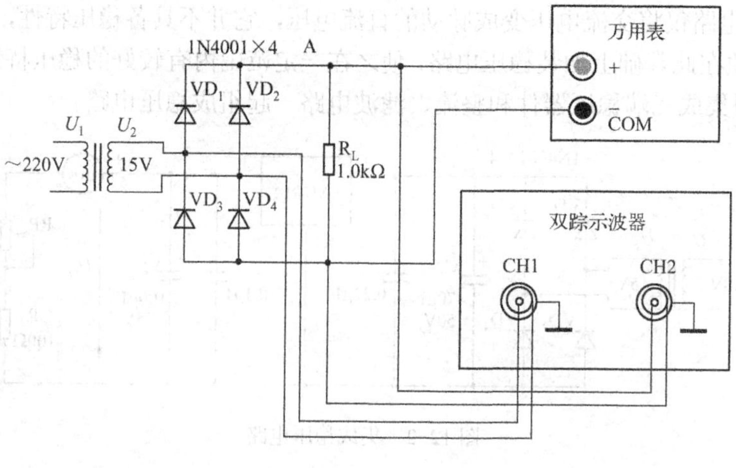

图 12-3　整流电路测试连接图

2．滤波电路测试

按图 12-4 连接电路，观察示波器波形，将观察的波形结果记入表 12-2 中。

表 12-1　整流电路测试

桥式整流输出	u_2	u_A	
	波形	大小	波形

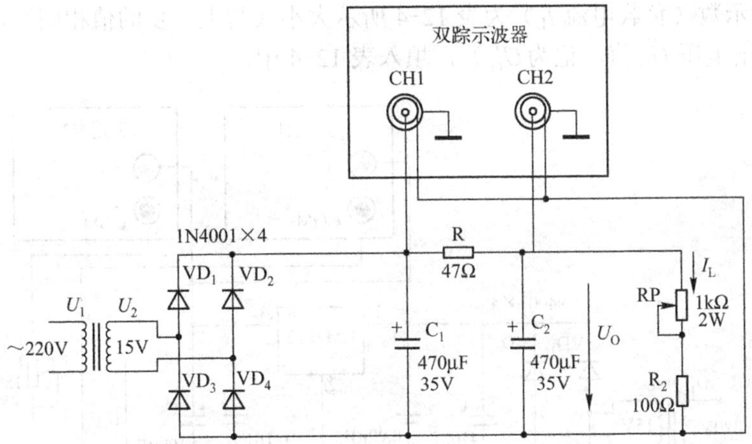

图 12-4　滤波电路测量

表 12-2　滤波电路测试

桥式整流滤波输出	u_{C1} 波形	u_{C2} 波形

3．无稳压电路的负载特性测量

按图 12-5 连接电路，将万用表 1 置为直流电压挡，将万用表 2 置为直流电流挡，调节 RP，使万用表 2 的示数（负载电流 I_L）为表 12-3 所示大小，读出万用表 1 的示数（输出电压 U_O 值），填入表 12-3 中。

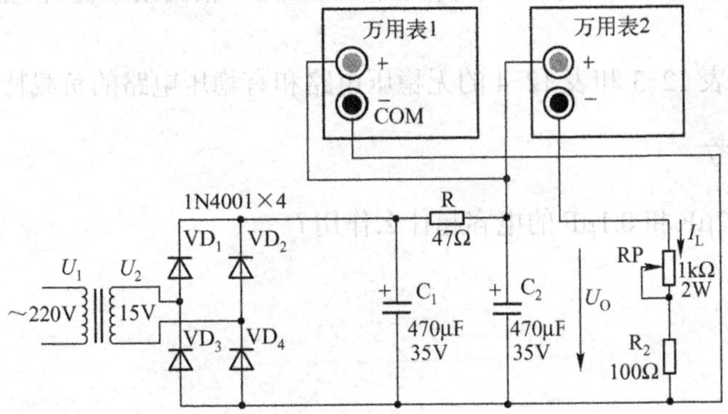

图 12-5　无稳压电路的负载特性测量

表 12-3　无稳压电路的负载特性测量

负载电流 I_L(mA)	20	40	60	80	100
输出电压 U_O(V)					

4．有稳压电路的负载特性测量

按图 12-6 连接电路，将万用表 1 置为直流电压挡，万用表 2 置为直流电流挡，调节 RP，使万用表 2 的示数（负载电流 I_L）为表 12-4 所示大小（与上一步的值相同），读出万用表 1 的示数（输出电压 U_O 值，记为 U'_O），填入表 12-4 中。

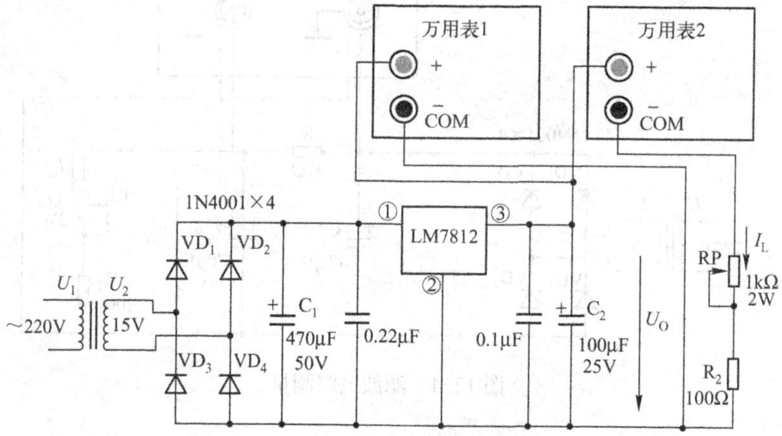

图 12-6　有稳压电路的负载特性测量

表 12-4　有稳压电路的负载特性测量

负载电流 I_L(mA)	20	40	60	80	100
输出电压 U'_O(V)					

七、实验报告

（1）整理实验数据，绘出实验要求测量的各点波形，根据波形说明整流电路、滤波电路、稳压电路的作用。

（2）分别绘出表 12-3 和表 12-4 的无稳压电路和有稳压电路的负载特性曲线。

八、实验思考

图 12-2 中 0.22μF 和 0.1μF 的电容起什么作用？

实验十三　调幅与检波

一、实验目的

（1）了解调幅与检波的工作过程。
（2）掌握调幅系数的测量方法。
（3）了解电路参数对检波输出的影响。

二、实验原理

1. 调幅

把低频调制信号 u_{Ω} 加到一个高频载波 u_C 上，使高频载波的幅度随调制信号的瞬时值而变化的方法称为调幅。设调制信号 $u_{\Omega}=U_{\Omega m}\cos\Omega t$，高频载波 $u_C=U_{cm}\cos\omega_c t$，则产生的调幅信号为：

$$u_{AM}=U_{cm}(1+m_a\cos\Omega t)\cos\omega_c t$$

式中，$m_a=U_{\Omega m}/U_{cm}$，m_a 称为调幅系数。

u_{Ω}、u_C 和 u_{AM} 的信号波形如图 13-1 所示。

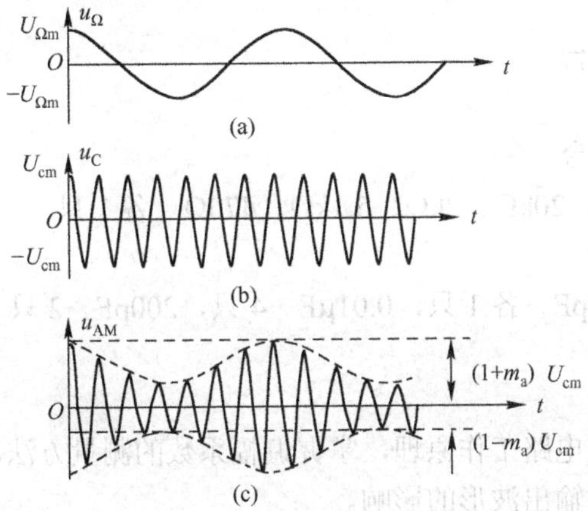

图 13-1　调幅信号波形

2. 检波

从调幅信号 u_{AM} 中把调制信号 u_{Ω} 分离出来的过程称为检波。当 u_{AM} 的幅度大于 0.5V 时，可采用二极管包络检波电路检出 u_{Ω}。

3. 调幅与检波电路

图 13-2 为调幅与检波电路。图中 VT_1 一方面组成三极管调幅电路，调制信号 u_{Ω} 经电位器 RP_1 和耦合电容 C_3 加到 VT_1 的基极，通过电位器 RP_1 可调节 U_{Ω} 的幅度，由此来调节调幅系数 m_a 的大小。另一方面 VT_1 还起变压器反馈式 LC 正弦波振荡器的作用，产生高频载波信号 u_C。u_C 与 u_{Ω} 经 VT_1 调幅后从其集电极经耦合电容 C_5 输出调幅信号 u_{AM}。C_8 和 T_{r2} 组成选频网络，选出的调幅信号 u_{AM} 经 VT_2 放大后输入至检波电路。二极管 VD_1 与其负载电路构成二极管大信号包络检波电路。

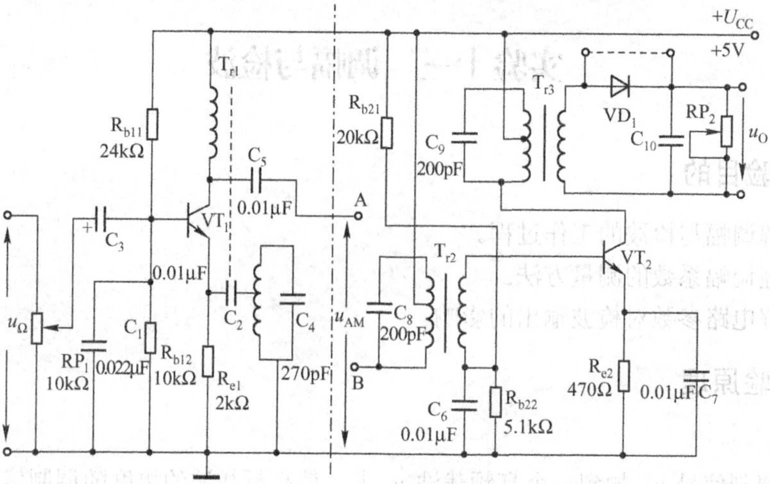

图 13-2　调幅与检波电路

三、实验时数：2 学时

四、实验设备及元器件

示波器：1 台

函数信号发生器：1 台

万用表：1 块

模拟电路实验箱：1 台

电阻：10kΩ、24kΩ、20kΩ、2kΩ、5.1kΩ、470Ω　各 1 只

电位器：10kΩ　2 只

电容：0.022μF、270pF　各 1 只，0.01μF　4 只，200pF　2 只

五、实验预习

（1）复习调幅和检波电路工作原理，掌握调幅系数的测量方法。

（2）了解检波负载对输出波形的影响。

六、实验内容及步骤

1．调幅实验

按照图 13-3 连接电路，调节直流电源使其输出 5V 电压，调节函数信号发生器使其输出幅度为 2V、频率为 1kHz 的调制信号，调节 RP_1 至最下端（地端）使 VT_1 基极输入信号为零，用示波器分别观察 A 点的波形 u_{AM}，将波形填入表 13-1 中。

表 13-1　调幅测量

RP_1	0	适　当
u_{AM} 波形		
$U_{Ωm}$		
U_{cm}		
$m_a=U_{Ωm}/U_{cm}$		

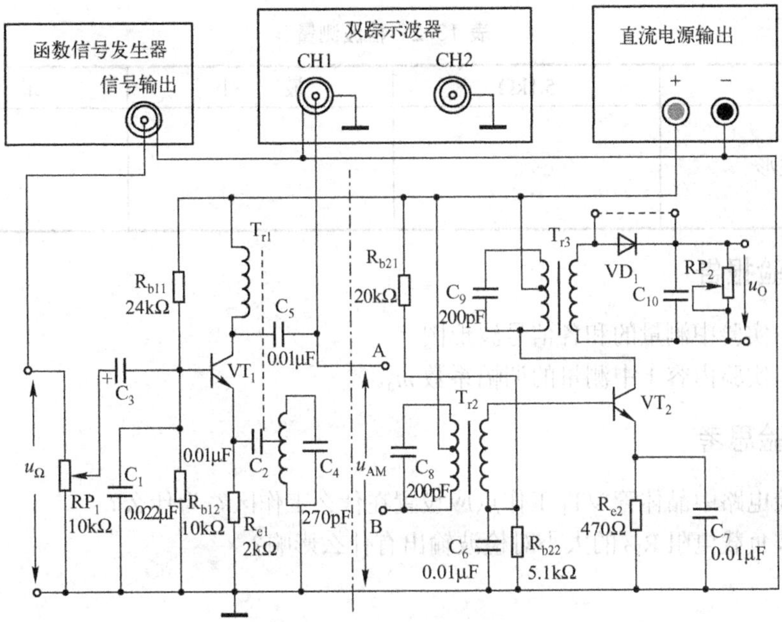

图 13-3　调幅测量电路

然后调节 RP_1，逐渐增加调制信号 u_Ω的幅度至合适大小，用示波器观察 A 点调幅波波形 u_A。将观察的波形填入表 13-1 中。根据波形测出 $U_{\Omega m}$ 和 U_{cm} 大小，计算调幅系数 $m_a=U_{\Omega m}/U_{cm}$，将测得的值填入表 13-1 中。

2．检波实验

将 A、B 两点连接，u_O 接示波器，如图 13-4 所示。在内容 1 中 u_A 有合适调幅信号的基础上，按表 13-2 要求调节电阻 RP_2 的大小，观察示波器显示的波形（经检波输出信号 u_O 波形），填入表 13-2 中。

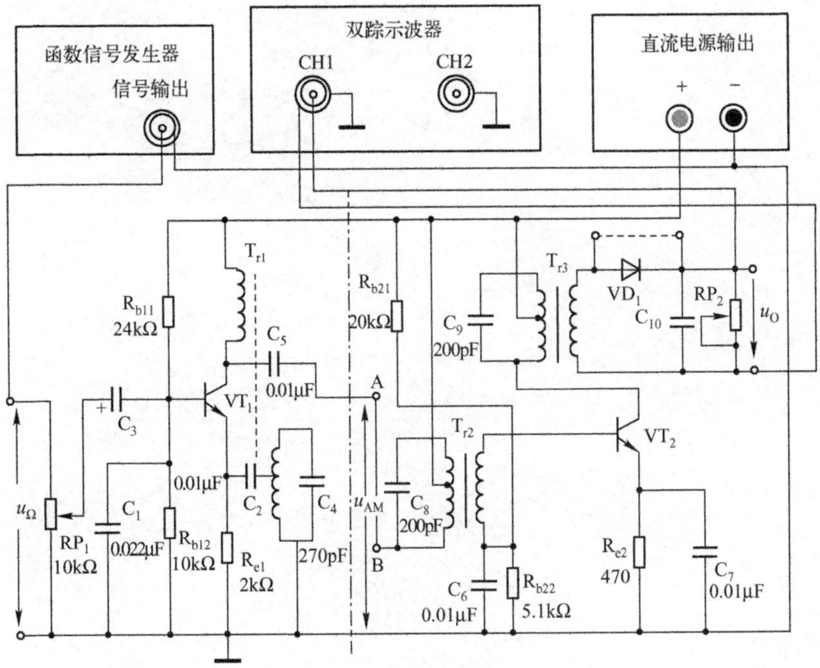

图 13-4　检波测量电路

表 13-2　检波测量

RP_2	5.1kΩ	最　　小	最　　大
u_O波形			

七、实验报告

（1）绘出实验中测量的和各信号波形图。
（2）给出实验内容 1 中测量的调幅系数 m_a。

八、实验思考

（1）实验电路中晶体管 VT_1 工作点应设置在什么工作区？为什么？
（2）检波负载电阻 R_{P2} 的大小对检波输出有什么影响？

第 3 章　数字电路实验

实验十四　门电路逻辑功能测试

一、实验目的

（1）掌握 TTL 门电路逻辑功能的测试方法。

（2）掌握 TTL 门电路主要参数的测试方法。

（3）熟悉 TTL 门电路的简单应用。

二、实验原理

1. 与非门

与非门的逻辑表达式为 $Y=\overline{ABCD}$，逻辑符号（以四与非门为例）如图 14-1 所示。其逻辑功能为只要输入端有一个是低电平时，输出端则为高电平，只有当输入端全部为高电平时，输出端才为低电平。

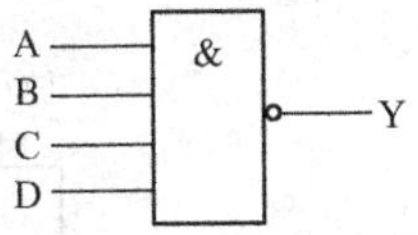

图 14-1　与非门逻辑符号（以四与非门为例）

本实验中采用的与非门为 74LS20 和 74LS00。74LS20 为双四输入与非门，74LS00 为二输入端四与非门，其结构和引脚排列分别如图 14-2 和图 14-3 所示。

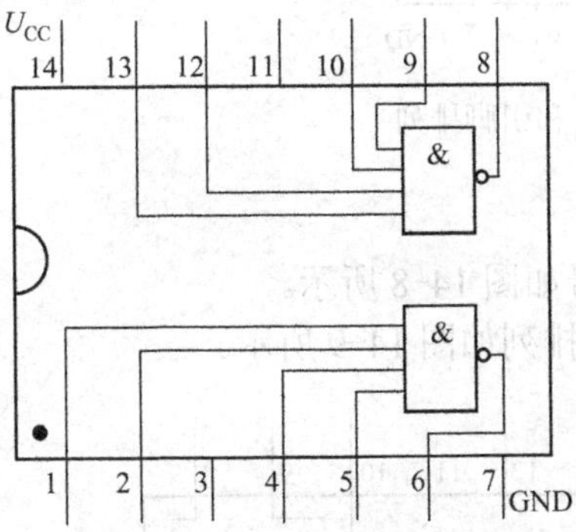

图 14-2　74LS20 双四输入与非门结构和引脚排列

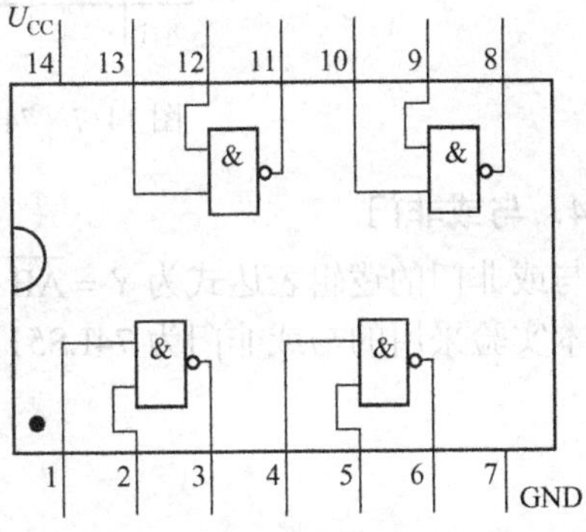

图 14-3　74LS00 二输入端四与非门结构和引脚排列

2. 异或门

异或门的逻辑表达式为 $Y=A\oplus B=\overline{A}B+A\overline{B}$，逻辑符号如图 14-4 所示。其逻辑功能为当输入端电平相同时，输出端为低电平，当输入端电平不同时，输出端为高电平。

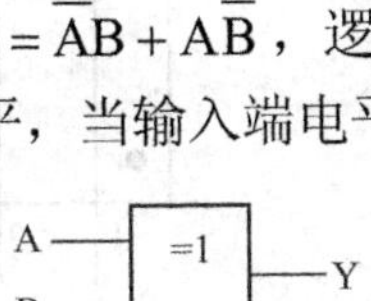

图 14-4　异或门逻辑符号

本实验中采用的异或门为 74LS86。74LS86 为二输入端四异或门，其结构和引脚排列如图 14-5 所示。

3．反相器

反相器的逻辑表达式为 $Y = \overline{A}$，逻辑符号如图 14-6 所示。其逻辑功能为当输入端为低电平时，输出端为高电平，当输入端为高电平时，输出端为低电平。

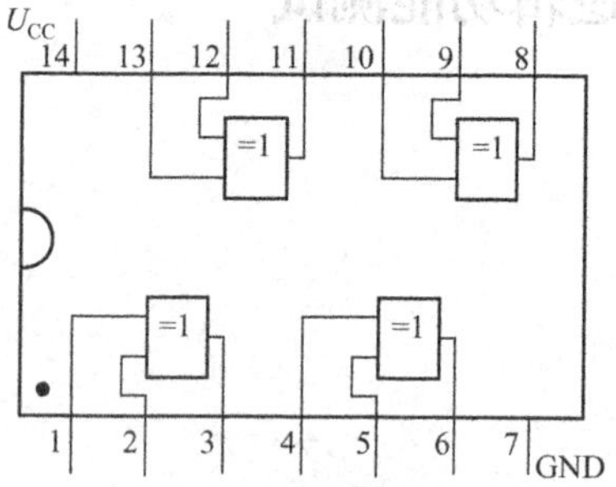

图 14-5　74LS86 二输入端四异或门结构和引脚排列

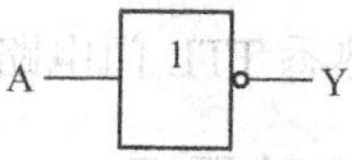

图 14-6　反相器逻辑符号

本实验中采用的反相器为 74LS04。74LS04 为六反相器，其结构和引脚排列如图 14-7 所示。

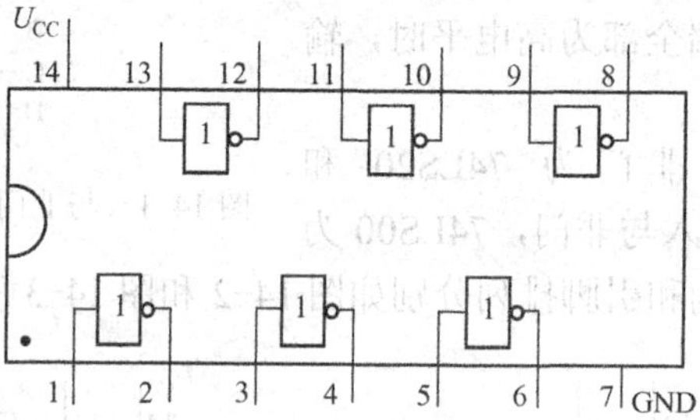

图 14-7　74LS04 六反相器结构和引脚排列

4．与或非门

与或非门的逻辑表达式为 $Y = \overline{AB + CD}$，逻辑符号如图 14-8 所示。

本实验采用的与或非门为 74LS51，其结构和引脚排列如图 14-9 所示。

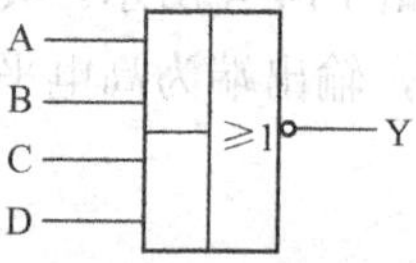

图 14-8　与或非门逻辑符号

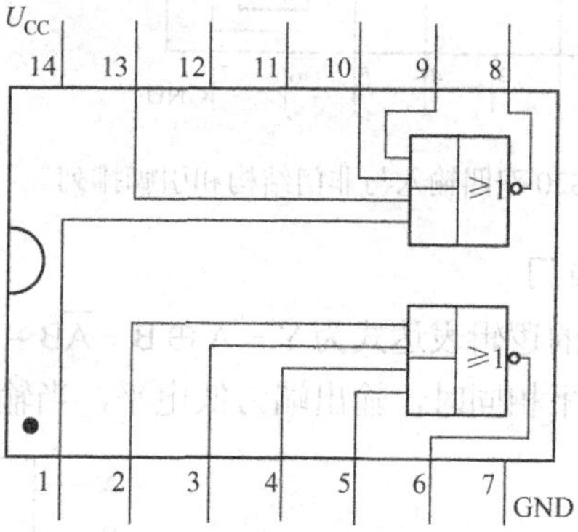

图 14-9　74LS51 与或非门结构和引脚排列

三、实验时数：4 学时

四、实验设备及元器件

函数信号发生器：1 台
示波器：1 台
万用表：1 块
数字电路实验箱：1 台
与非门：74LS20、74LS00　各 1 片
异或门：74LS86　1 片
反相器：74LS04　1 片

五、实验预习

（1）复习门电路工作原理及相应逻辑表达式。
（2）了解所用集成电路的内部结构及各引脚用途。
（3）将或非门表达式转化为与非门表达式，并画出用与非门实现或非门的逻辑电路。
（4）将异或门表达式转化为与非门表达式，并画出用与非门实现异或门的逻辑电路。

六、实验内容及步骤

1. 与非门逻辑功能测试

将一片双四输入与非门 74LS20 插入插座中，按图 14-10 连接，引脚 1、2、4、5 分别接逻辑开关 K_1、K_2、K_3、K_4 的输出插口，引脚 6 接发光二极管。K_1、K_2、K_3、K_4 按表 14-1 置位，分别测出输出端 Y（引脚 6）的电压及逻辑状态，填入表 14-1 中。

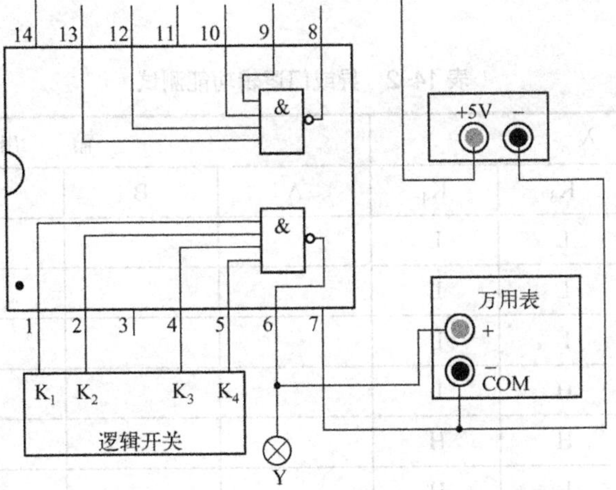

图 14-10　74LS20 与非门逻辑功能测试电路

2. 异或门逻辑功能测试

将一片二输入四异或门电路 74LS86 插入插座中，按图 14-11 接线，引脚 1、2、4、5 分别接逻辑开关 K_1、K_2、K_3、K_4 的输出插口，引脚 3、6、8 接发光二极管，K_1、K_2、K_3、K_4

按表 14-2 置位，分别测出 A、B、Y 的逻辑状态及 Y 的电压，填入表 14-2 中。

表 14-1　与非门逻辑功能测试

输入				输出	
K_1	K_2	K_3	K_4	Y	电压（V）
H	H	H	H		
L	H	H	H		
L	L	H	H		
L	L	L	H		
L	L	L	L		

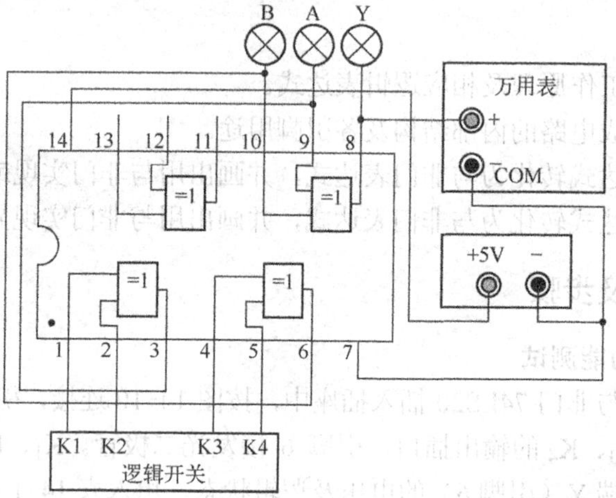

图 14-11　74LS86 异或门逻辑功能测试电路

表 14-2　异或门逻辑功能测试

输入				输出			
K_1	K_2	K_3	K_4	A	B	Y	6 脚电压（V）
L	L	L	L				
H	L	L	L				
H	H	L	L				
H	H	H	L				
H	H	H	H				
L	H	L	H				

3. 与或非门逻辑功能测试

将一片与或非门电路 74LS51 插入插座中，按图 14-12 接线，引脚 2、3、4、5 分别接逻辑开关的输出插口，引脚 6 接发光二极管，K_1、K_2、K_3、K_4 按表 14-3 置位，测出 Y 的逻辑状态，填入表 14-3 中。

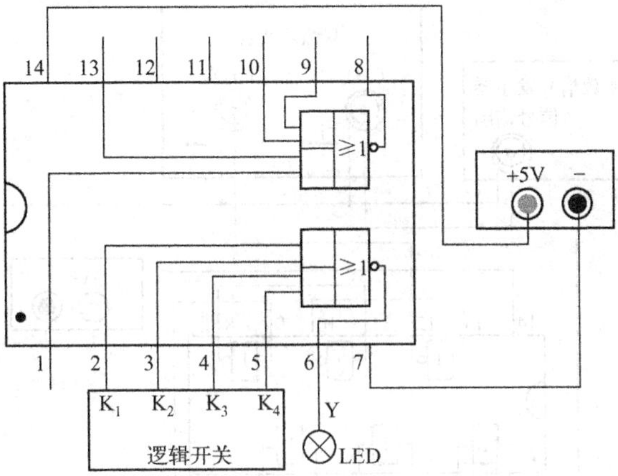

图 14-12　74LS51 与或非门逻辑功能测试电路

表 14-3　与或非门逻辑功能测试

输　入				输　出
K_1	K_2	K_3	K_4	Y
L	L	L	L	
L	L	L	H	
L	L	H	L	
L	L	H	H	
L	H	L	L	
L	H	L	H	
L	H	H	L	
L	H	H	H	
H	L	L	L	
H	L	L	H	
H	L	H	L	
H	L	H	H	
H	H	L	L	
H	H	L	H	
H	H	H	L	
H	H	H	H	

4. 门电路传输延迟时间测量

将一片六反相器 74LS04 插入插座中，按图 14-13 接线，函数信号发生器输出 80Hz 方波信号，调节示波器使其显示 1 脚和 12 脚的两个信号波形，测量两个波形的相位差，并由此计算每个门的平均传输延迟时间。

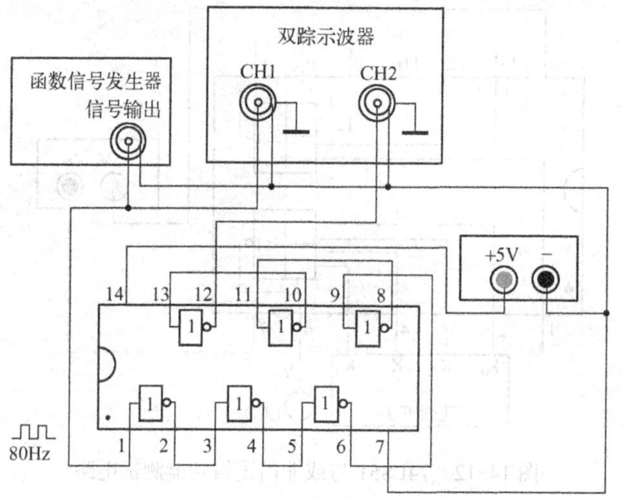

图 14-13　反相器传输延迟时间测量

5. 利用与非门控制输出

将一片二输入端四与非门 74LS00 插入插座中，按图 14-14 接线，引脚 12 接逻辑开关 K_1 的电平输出接口，函数信号发生器输出 80Hz 方波信号，用示波器观察 K_1 对输出 Y 的控制作用。

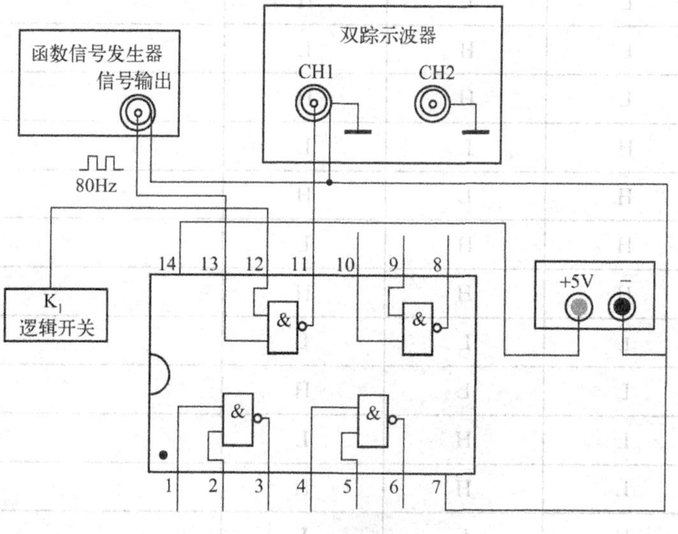

图 14-14　与非门控制输出电路

6. 用与非门组成其他门电路并验证逻辑功能

1）组成或非门

用一片二输入端四与非门 74LS00 组成或非门 $Y=\overline{A+B}=\overline{A}\cdot\overline{B}$，画出逻辑电路图并连接电路，输入信号 A、B 依据表 14-4 进行置位，测出输出信号 Y 的逻辑状态，填入表 14-4 中。

2）组成异或门

用一片二输入端四与非门 74LS00 组成异或门 $Y=A\oplus B=\overline{A}B+A\overline{B}$，画出逻辑电路图并连接电路，输入信号 A、B 依据表 14-5 进行置位，测出输出信号 Y 的逻辑状态，填入

表 14-5 中。

表 14-4　组成或非门测试

输　入		输　出
A	B	Y
0	0	
0	1	
1	0	
1	1	

表 14-5　组成异或门测试

输　入		输　出
A	B	Y
0	0	
0	1	
1	0	
1	1	

七、实验报告

绘出各实验内容的逻辑电路，给出逻辑表达式和逻辑测试结果。

八、实验思考

（1）与非门一个输入端接连续脉冲，其余端什么状态时允许脉冲通过？什么状态时禁止脉冲通过？

（2）异或门又称可控反相门，为什么？

实验十五　组合逻辑电路设计

一、实验目的

（1）熟悉组合逻辑电路的设计步骤。

（2）掌握半加器和全加器的设计方法，并验证其逻辑功能。

二、实验原理

1. 组合逻辑电路设计的一般步骤

组合逻辑电路设计一般包括以下步骤：

（1）根据任务要求分析确定逻辑变量并列出真值表；

（2）根据真值表写出逻辑函数表达式，并化简；

（3）选择标准器件实现简化后的逻辑函数。

为了使电路结构简单和使用器件较少，往往要求逻辑表达式尽可能简化。由于实际使用时要考虑电路的工作速度和稳定可靠等因素，所以最简设计不一定是最佳的。但一般来说，在保证速度、稳定可靠与逻辑清楚的前提下，应该使用尽量少的器件，以降低成本。

2. 半加器

在二进制加法运算中，半加器用于实现最低位数的加法，它有两个输入端（加数和被加数），两个输出端（本位和数及向高位的进位数）。设 A 为被加数，B 为加数，S 为本位和，C 为向高位的进位数。半加器的真值表见表 15-1。

表 15-1　半加器的真值表

输　入		输　出	
A	B	S	C
0	0	0	0
0	1	1	0
1	0	1	0
1	1	0	1

由真值表可得出化简后的半加器逻辑表达式为

$$S=\overline{A}B+A\overline{B}=A\oplus B$$

$$C=AB$$

3. 全加器

全加器用于实现被加数、加数及低位向本位来的进位数三者相加，所以全加器电路有三个输入端，即被加数、加数及由低位向本位来的进位数，有两个输出端，即和数及向高位的进位数。设 A_n 为被加数，B_n 为加数，C_{n-1} 为低位向本位的进位数，S_n 为本位的全加和，C_n 为本位向高位的进位。全加器的真值表见表 15-2。

表 15-2　全加器的真值表

输　入			输　出	
A_n	B_n	C_{n-1}	S_n	C_n
0	0	0	0	0
0	0	1	1	0
0	1	0	1	0
0	1	1	0	1
1	0	0	1	0
1	0	1	0	1
1	1	0	0	1
1	1	1	1	1

由真值表可得出化简后的全加器逻辑表达式为

$$S_n = (A_n \oplus B_n) \oplus C_{n-1}$$

$$C_n = (A_n \oplus B_n)C_{n-1} + A_nB_n$$

三、实验时数：4 学时

四、实验设备及元器件

函数信号发生器：1 台

示波器：1 台

万用表：1 块

数字电路实验箱：1 台

与非门：74LS00　3 片

异或门：74LS86　1 片

与或非门：74LS51　1 片

五、实验预习

（1）预习组合逻辑电路的分析和设计方法。

（2）熟悉半加器、全加器的逻辑表达式。

（3）参见实验十三，复习 74LS00、74LS86 和 74LS51 的内部结构和各引脚分布。

（4）写出实验内容中各逻辑电路的逻辑表达式，并给出真值表。

六、实验内容及步骤

1．组合逻辑电路功能测试一

用 2 片 74LS00 按照图 15-1 连接电路，K_1、K_2、K_3 依据表 15-3 进行置位，测出输出信号 Y_1、Y_2 的逻辑状态，填入表 15-3 中。然后根据表 15-3 的测量结果，给出 Y_1、Y_2 的逻辑表达式。

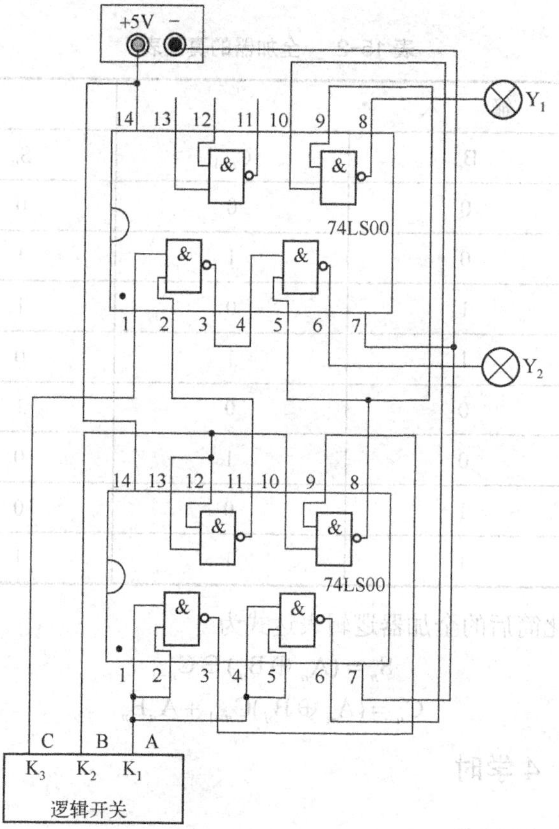

图 15-1　组合逻辑电路功能测试一

表 15-3　组合逻辑电路功能测试一

输　入			输　出	
A（K_1）	B（K_2）	C（K_3）	Y_1	Y_2
0	0	0		
0	0	1		
0	1	0		
0	1	1		
1	0	0		
1	0	1		
1	1	0		
1	1	1		

2. 用异或门和与非门实现半加器

用一片二输入四异或门电路 74LS86 和一片二输入四与非门电路 74LS00 按照图 15-2 连接电路来实现半加器。K_1（A）、K_2（B）依据表 15-4 进行置位，测出输出信号 S、C 的逻辑状态，填入表 15-4 中。然后根据表 15-4 的测量结果，给出 S、C 的逻辑表达式。

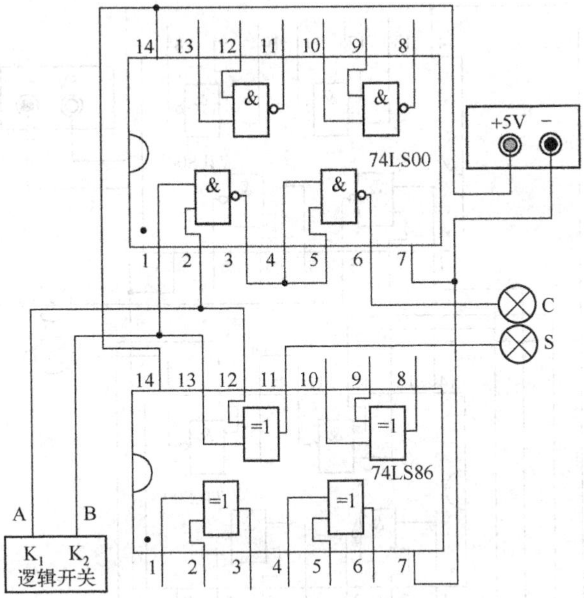

图 15-2　异或门和与非门实现半加器电路图

表 15-4　半加器功能测试

输　入		输　出	
K_1（A）	K_2（B）	S	C
0	0		
0	1		
1	0		
1	1		

3．组合逻辑电路功能测试二

用 3 片 74LS00 组成图 15-3 所示逻辑电路。图中 A、B、C 接电平开关，Y_1、Y_2 接发光管电平显示。K_1（A）、K_2（B）、K_3（C）依据表 15-5 进行置位，测出输出信号 Y_1、Y_2 的逻辑状态，填入表 15-5 中。然后根据表 15-5 的测量结果，给出 Y_1、Y_2 的逻辑表达式。

表 15-5　组合逻辑电路功能测试二

输　入			输　出	
K_1（A）	K_2（B）	K_3（C）	Y_1	Y_2
0	0	0		
0	0	1		
0	1	0		
0	1	1		
1	0	0		
1	0	1		
1	1	0		
1	1	1		

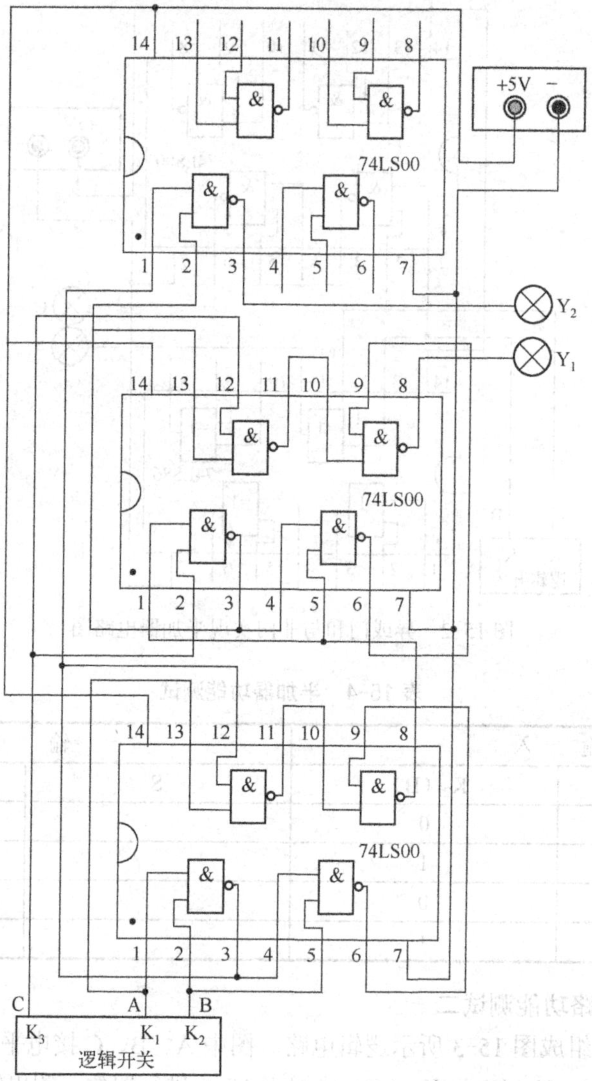

图 15-3　组合逻辑电路功能测试二

4．用异或门、与或非门和与非门实现全加器

用一片二输入四异或门电路 74LS86、一片 74LS51 与或非门和一片二输入四与非门电路 74LS00 按照图 15-4 连接电路实现全加器。K_1（A_n）、K_2（B_n）、K_3（C_{n-1}）依据表 15-6 进行置位，测出输出信号 S_n、C_n 的逻辑状态，填入表 15-6 中。然后根据表 15-6 的测量结果，给出 S_n、C_n 的逻辑表达式。

表 15-6　全加器功能测试

输　　入			输　　出	
K_1（A_n）	K_2（B_n）	K_3（C_{n-1}）	S_n	C_n
0	0	0		
0	0	1		

续表

输　入			输　出	
K_1（A_n）	K_2（B_n）	K_3（C_{n-1}）	S_n	C_n
0	1	0		
0	1	1		
1	0	0		
1	0	1		
1	1	0		
1	1	1		

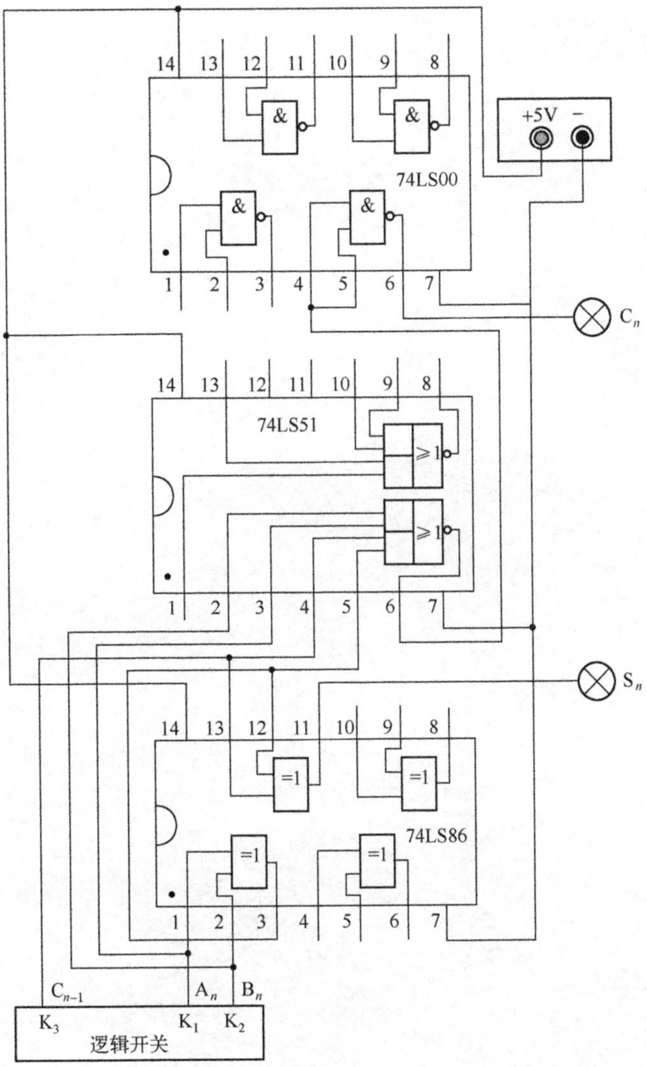

图 15-4　异或门、与或非门和与非门实现全加器电路图

七、实验报告

绘出各实验内容的逻辑电路、逻辑表达式和逻辑测试结果。

八、实验思考

组合逻辑电路设计过程中应注意哪些问题？

实验十六 译 码 器

一、实验目的

（1）熟悉译码器的工作原理和特点。

（2）掌握译码器的逻辑功能和典型应用。

二、实验原理

译码器是把代码的特定含义“翻译”出来的过程，实现译码操作的电路称为译码器。

1. 3-8 线二进制译码器

二进制译码器是把二进制代码的各种状态，按其原意翻译成对应输出信号的电路。比如 3-8 线二进制译码器输入 3 位二进制代码，输出 $2^3=8$ 种状态，其真值表见表 16-1。

表 16-1 3-8 线二进制译码器真值表

输 入			输 出							
A_2	A_1	A_0	Y_7	Y_6	Y_5	Y_4	Y_3	Y_2	Y_1	Y_0
0	0	0	0	0	0	0	0	0	0	1
0	0	1	0	0	0	0	0	0	1	0
0	1	0	0	0	0	0	0	1	0	0
0	1	1	0	0	0	0	1	0	0	0
1	0	0	0	0	0	1	0	0	0	0
1	0	1	0	0	1	0	0	0	0	0
1	1	0	0	1	0	0	0	0	0	0
1	1	1	1	0	0	0	0	0	0	0

本实验采用 74LS138 3-8 线二进制译码器，其引脚排列如图 16-1 所示，G_1、G_{2A} 和 G_{2B} 为译码器使能控制端。

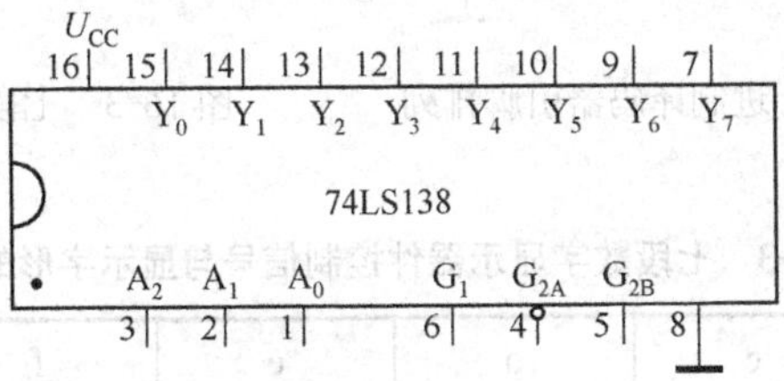

图 16-1 74LS138 3-8 线二进制译码器引脚排列图

2. 二-十进制译码器

二-十进制译码器是将代表十进制数的二进制编码（由 4 位二进制代码组成，也称为 8421 BCD 码）翻译成对应的十个输出信号的电路，比如 0000 代表十进制的 0，0001 代表十进制的 1，依次类推，1001 代表十进制的 9，而 1010～1111 六种组合在十进制中没有使用，不出现在二-十译码器的输入端。二-十进制译码器的真值表见表 16-2。

表 16-2　二-十进制译码器真值表

输　入				输　出									
A_3	A_2	A_1	A_0	Y_0	Y_1	Y_2	Y_3	Y_4	Y_5	Y_6	Y_7	Y_8	Y_9
0	0	0	0	1	0	0	0	0	0	0	0	0	0
0	0	0	1	0	1	0	0	0	0	0	0	0	0
0	0	1	0	0	0	1	0	0	0	0	0	0	0
0	0	1	1	0	0	0	1	0	0	0	0	0	0
0	1	0	0	0	0	0	0	1	0	0	0	0	0
0	1	0	1	0	0	0	0	0	1	0	0	0	0
1	1	1	0	0	0	0	0	0	0	1	0	0	0
1	1	1	1	0	0	0	0	0	0	0	1	0	0
1	0	0	0	0	0	0	0	0	0	0	0	1	0
1	0	0	1	0	0	0	0	0	0	0	0	0	1

本实验采用 74LS145 二-十进制译码器，其引脚排列如图 16-2 所示。

3．显示译码器

1）七段数字显示器件

七段数字显示器件的结构如图 16-3 所示，它有 7 个显示部分来实现数字 0～9 的显示。各显示部分与显示数字的关系见表 16-3。

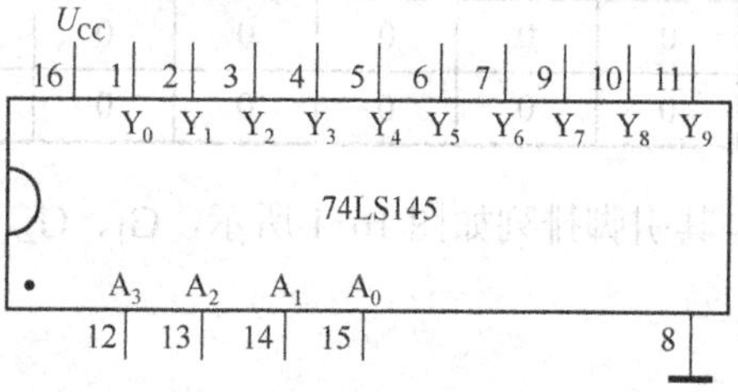

图 16-2　74LS145 二-十进制译码器引脚排列

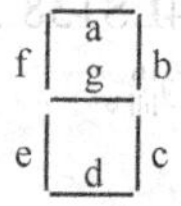

图 16-3　七段数字显示器件结构示意图

表 16-3　七段数字显示器件控制信号与显示字形的关系

a	b	c	d	e	f	g	字　形
0	0	0	0	0	0	1	0
1	0	0	1	1	1	1	1
0	0	1	0	0	1	0	2
0	0	0	0	1	1	0	3
1	0	0	1	1	0	0	4

续表

a	b	c	d	e	f	g	字　形
0	1	0	0	1	0	0	5
0	1	0	0	0	0	0	6
0	0	0	1	1	1	1	7
0	0	0	0	0	0	0	8
0	0	0	0	1	0	0	9

本实验采用 LC5011-11 数码管作为七段数字显示器件，其内部结构和引脚排列如图 16-4 所示。

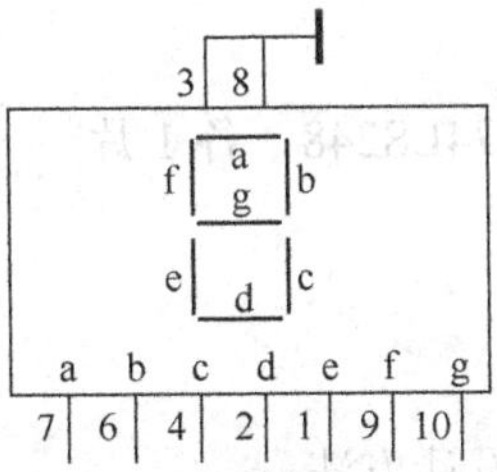

图 16-4　LC5011-11 数码管内部结构和引脚排列

2）显示译码器

七段数字显示器件的输入信号来自于显示译码器。显示译码器把代表十进制数字 0～9 的 8421 BCD 码翻译成符合显示控制需要的信号，其真值表见表 16-4。

表 16-4　七段数字显示器件的显示译码器真值表

输　入				输　出							字　形
A_3	A_2	A_1	A_0	Y_a	Y_b	Y_c	Y_d	Y_e	Y_f	Y_g	
0	0	0	0	0	0	0	0	0	0	1	0
0	0	0	1	1	0	0	1	1	1	1	1
0	0	1	0	0	0	1	0	0	1	0	2
0	0	1	1	0	0	0	0	1	1	0	3
0	1	0	0	1	0	0	1	1	0	0	4
0	1	0	1	0	1	0	0	1	0	0	5
1	1	1	0	0	1	0	0	0	0	0	6
1	1	1	1	0	0	0	1	1	1	1	7
1	0	0	0	0	0	0	0	0	0	0	8
1	0	0	1	0	0	0	0	1	0	0	9

本实验采用 74LS248 显示译码器，其引脚排列如图 16-5 所示。

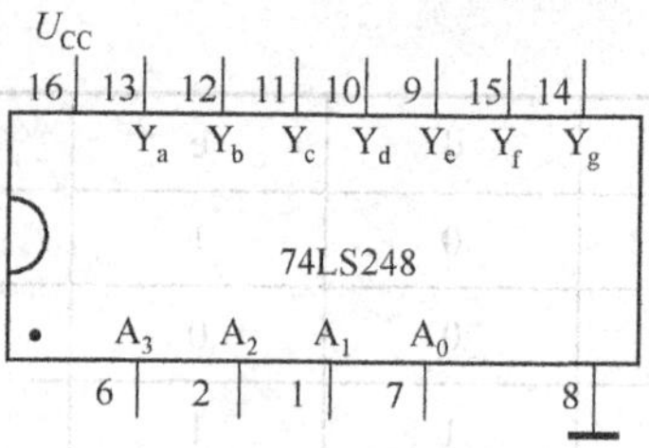

图 16-5　74LS248 显示译码器引脚排列

三、实验时数：2 学时

四、实验设备及元器件

数字电路实验箱：1 台

译码器：74LS138、74LS145、74LS248　各 1 片

数码管：LC5011-11　1 只

五、实验预习

（1）复习译码器的工作原理和设计方法。

（2）熟悉 74LS145、74LS248、LC5011-11 的引脚排列和逻辑功能。

六、实验内容及步骤

1．3-8 线二进制译码器实验

用一片 74LS138 按图 16-6 所示接线，输入信号 G_1、G_{2A}、G_{2B}、A_0、A_1、A_2 接逻辑开关输出端口，输出信号 Y_0～Y_7 接发光二极管。按照表 16-5 要求对输入信号进行置位，观察发光二极管输出 Y_0～Y_7 的逻辑状态，填入表 16-5 中。

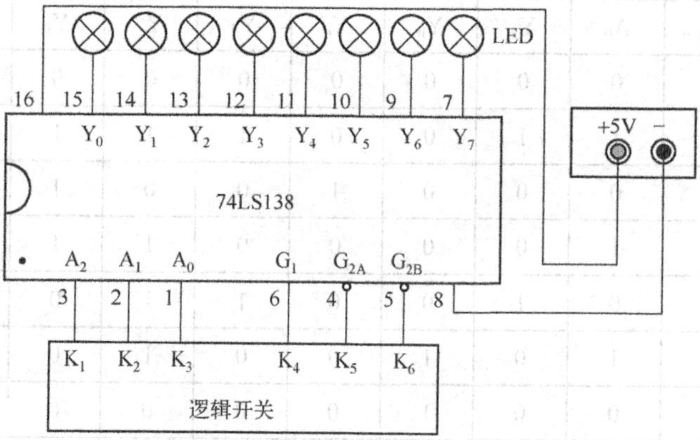

图 16-6　74LS138 二进制译码器实验线路

2．74LS145 二-十进制译码器实验

用一片 74LS145 按图 16-7 所示接线，输入信号 A_0、A_1、A_2、A_3 接逻辑开关输出端口，输出信号 Y_0～Y_9 接发光二极管。按照表 16-6 要求对输入信号进行置位，观察发光二极管输

出 Y_0～Y_9 的逻辑状态，填入表 16-6 中。

表 16-5　74LS138 二进制译码器功能表

输　入					输　出							
K_4	K_5+K_6	A_2	A_1	A_0	Y_7	Y_6	Y_5	Y_4	Y_3	Y_2	Y_1	Y_0
×	1	×	×	×								
0	×	×	×	×								
1	0	0	0	0								
1	0	0	0	1								
1	0	0	1	0								
1	0	0	1	1								
1	0	1	0	0								
1	0	1	0	1								
1	0	1	1	0								
1	0	1	1	1								

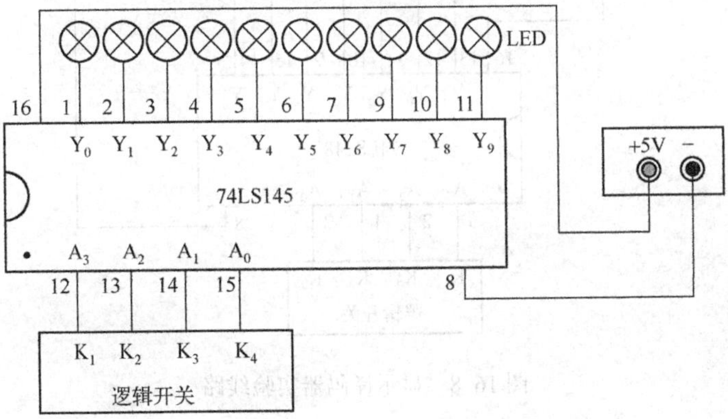

图 16-7　74LS145 二-十进制译码器实验线路

表 16-6　74LS145 二-十进制译码器功能表

输　入				输　出									
A_3	A_2	A_1	A_0	Y_9	Y_8	Y_7	Y_6	Y_5	Y_4	Y_3	Y_2	Y_1	Y_0
0	0	0	0										
0	0	0	1										
0	0	1	0										
0	0	1	1										

续表

输入				输出									
0	1	0	0										
0	1	0	1										
1	1	1	0										
1	1	1	1										
1	0	0	0										
1	0	0	1										

3．显示译码器实验

用一片 74LS248 显示译码器和 1 只 LC5011-11 数码管按图 16-8 所示接线，74LS248 的输入信号 A_0、A_1、A_2、A_3 接逻辑开关，输出信号 Y_a～Y_g 分别接 LC5011-11 数码管的输入端 a～g。按照表 16-7 要求对输入信号进行置位，观察数码管显示的数字，填入表 16-7 中。

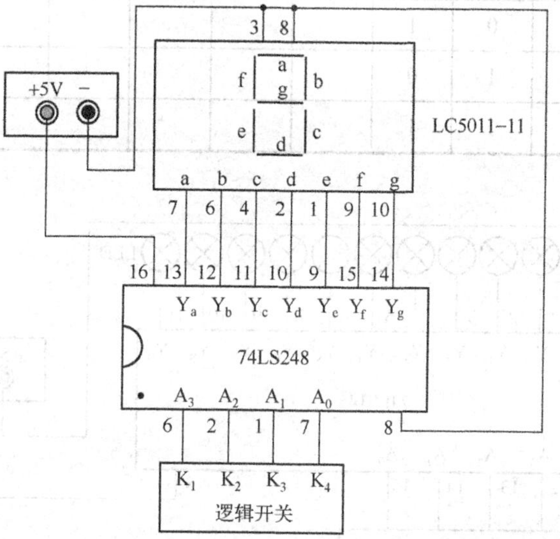

图 16-8　显示译码器实验线路

表 16-7　显示译码器实验功能表

输入				显示字形
A_3	A_2	A_1	A_0	
0	0	0	0	
0	0	0	1	
0	0	1	0	
0	0	1	1	
0	1	0	0	
0	1	0	1	

续表

输　入				显 示 字 形
A_3	A_2	A_1	A_0	
1	1	1	0	
1	1	1	1	
1	0	0	0	
1	0	0	1	

七、实验报告

绘出各实验内容的逻辑电路和逻辑测试结果。

八、实验思考

二-十进制译码器 74LS145 能否连接 LC5011-11 数码管来实现数字 0～9 的控制显示？

实验十七　触　发　器

一、实验目的

（1）掌握触发器的组成形式及其功能。

（2）掌握不同逻辑功能触发器之间的转换方法。

二、实验原理

1. 基本触发器

由与非门组成的基本触发器如图 17-1 所示，它有两个输入端（R 和 S），两个输出端（Q 和 $\overline{Q}$），其逻辑功能见表 17-1。

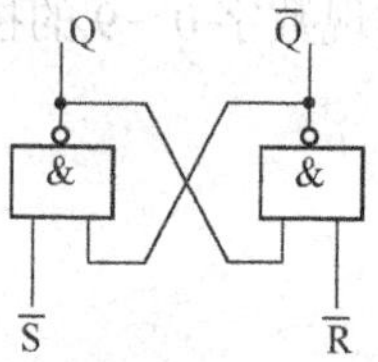

图 17-1　由与非门组成的基本触发器

表 17-1　由与非门组成的基本触发器逻辑功能表

$\overline{R}$	$\overline{S}$	Q	$\overline{Q}$
1	1	不变	不变
0	1	1	0
1	0	0	1
0	0	不定	不定

2. D 触发器

D 触发器的逻辑图和逻辑符号分别如图 17-2 所示，功能表如表 17-2 所示。D 触发器的特性方程为

$$Q^{n+1}=D$$

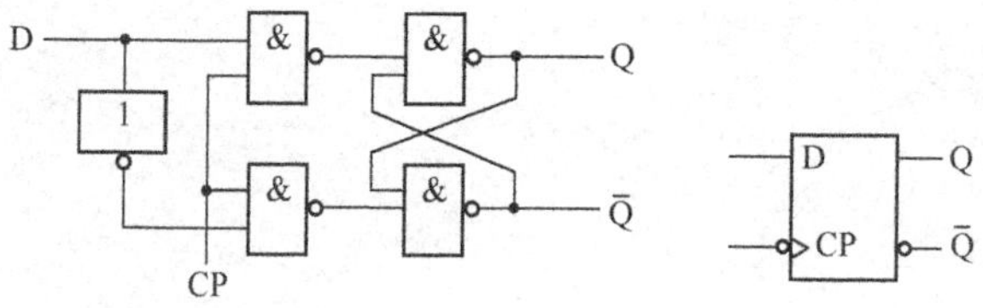

(a) 逻辑图　　(b) 逻辑符号

图 17-2　D 触发器的逻辑图和逻辑符号

表 17-2　D 触发器功能表

D	Q^{n+1}
0	0
1	1

本实验采用上升沿触发的 74LS74 双 D 触发器，其引脚排列如图 17-3 所示。

3. JK 触发器

JK 触发器的逻辑图和逻辑符号分别如图 17-4 所示，其功能表见表 17-3。JK 触发器的特性方程为

$$Q^{n+1}=J\overline{Q^n}+\overline{K}Q^n$$

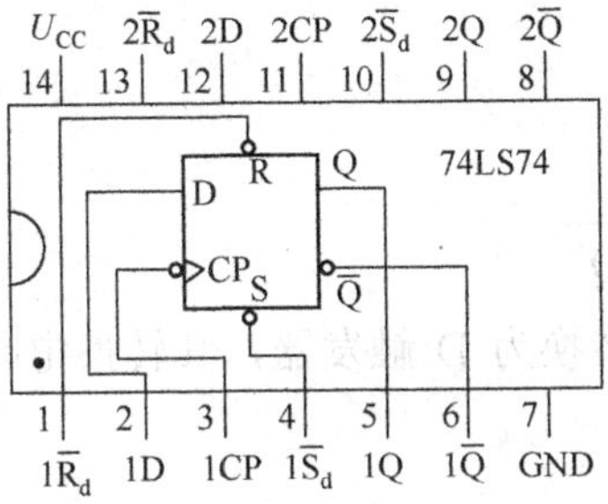

图 17-3　74LS74 双 D 触发器引脚排列

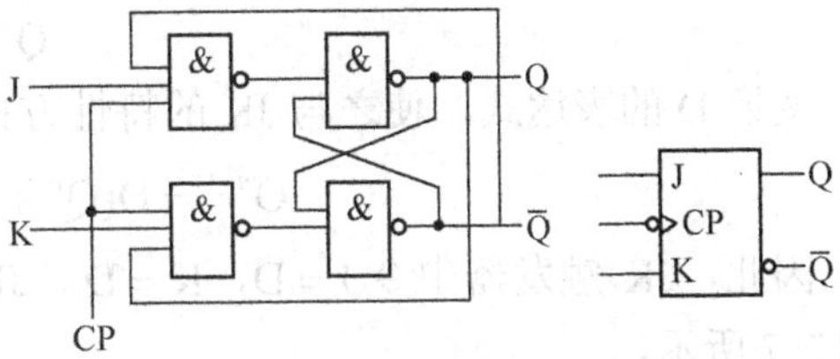

(a) 逻辑图　　(b) 逻辑符号

图 17-4　JK 触发器的逻辑图和逻辑符号

本实验采用下降沿触发的 74LS112 双 JK 触发器，其内部结构和引脚排列如图 17-5 所示。

表 17-3　JK 触发器功能表

J	K	Q^{n+1}
0	0	Q^n
0	1	0
1	0	1
1	1	$\overline{Q^n}$

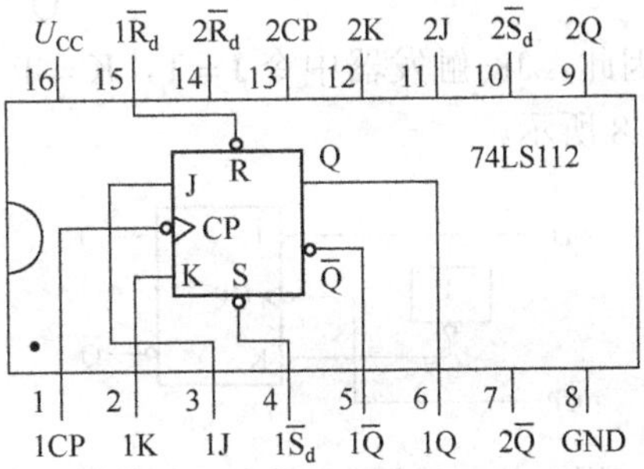

图 17-5　74LS112 双 JK 触发器内部结构和引脚排列

4．T 触发器和 T′ 触发器

T 触发器可以看成是 J=K 条件下的特例，它只有一个控制输入端。T 触发器的逻辑图如图 17-6 所示，其功能表见表 17-4。

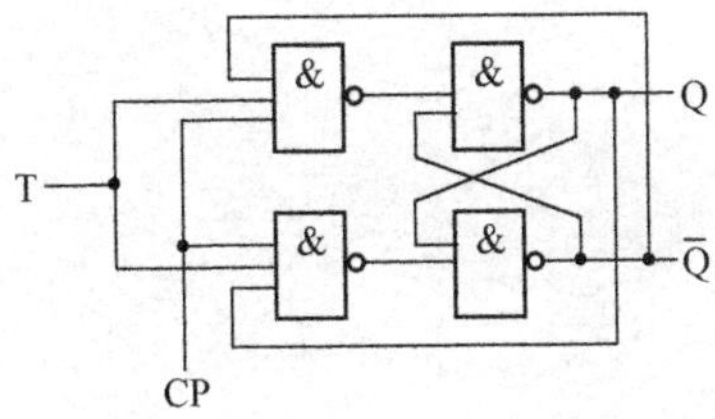

图 17-6　T 触发器的逻辑图

表 17-4　T 触发器功能表

T	Q^{n+1}
0	Q^n
1	$\overline{Q^n}$

T 触发器的特性方程为

$$Q^{n+1} = T\overline{Q^n} + \overline{T}Q^n$$

T′ 触发器可以看成是 T 触发器在 T 恒等于 1 条件下的特例，它没有控制输入端，其特性方程为

$$Q^{n+1} = \overline{Q^n}$$

5．不同逻辑功能触发器之间的转换

1）JK 触发器转 D 触发器

JK 触发器的特性方程为

$$Q^{n+1} = J\overline{Q^n} + \overline{K}Q^n$$

D 触发器的特性方程为

$$Q^{n+1} = D$$

变换 D 的表达式，使之与 JK 的特性方程形式相同，即

$$Q^{n+1} = D(Q^n + \overline{Q^n}) = DQ^n + D\overline{Q^n}$$

因此，JK 触发器中令 $J = D$，$K = \overline{D}$，JK 触发器即可转换为 D 触发器，其转换电路如图 17-7 所示。

2）JK 触发器转 T 触发器

JK 触发器的特性方程为

$$Q^{n+1} = J\overline{Q^n} + \overline{K}Q^n$$

T 触发器的特性方程为

$$Q^{n+1} = T\overline{Q^n} + \overline{T}Q^n$$

因此，JK 触发器中令 $J = T$，$K = T$，JK 触发器即可转换为 T 触发器，其转换电路如图 17-8 所示。

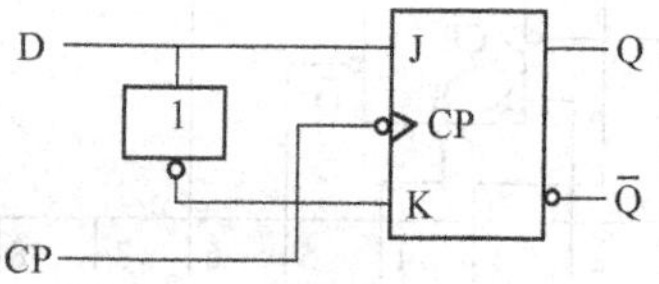

图 17-7　JK 触发器转为 D 触发器

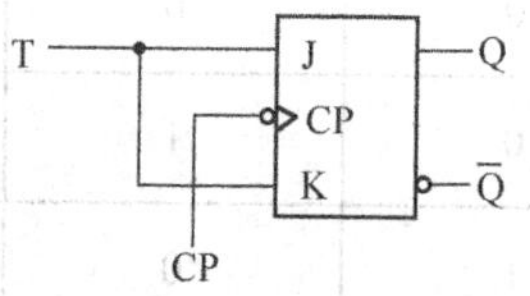

图 17-8　JK 触发器转为 T 触发器

三、实验时数：4 学时

四、实验设备及元器件

数字电路实验箱：1 台

与非门：74LS00　1 片

触发器：74LS74、74LS112　各 1 片

五、实验预习

（1）熟悉基本触发器、D 触发器、JK 触发器、T 和 T′ 触发器的工作原理和逻辑功能。

（2）熟悉不同逻辑功能触发器之间的转换方法。

（3）熟悉 74LS74 双 D 触发器和 74LS112 双 JK 触发器的内部结构和引脚排列。

六、实验内容及步骤

1. 基本触发器

用一片 74LS00 按照图 17-9 连接电路。K_1(R)、K_2(S)分别按表 17-5 进行置位，根据发光二极管的状态得出 Q 的逻辑值，填入表 17-5。

2. D 触发器

用一片 74LS74 双 D 触发器按图 17-10 连接电路。然后根据表 17-6 进行置位，测出 1Q 的逻辑状态，填入表 17-6。

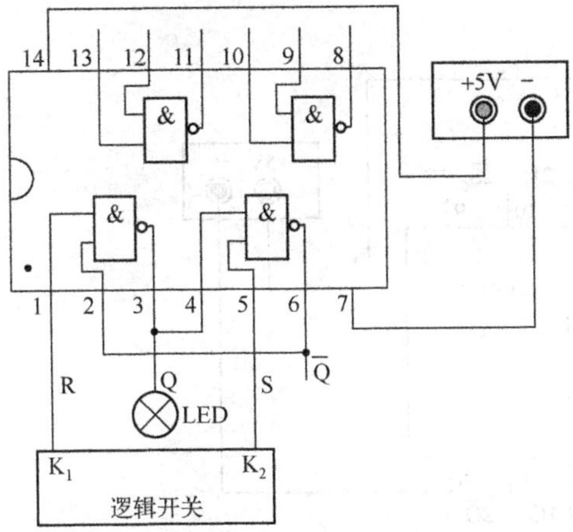

图 17-9　基本与非门触发器实验电路图

表 17-5　基本触发器功能测试

$K_1(R)$	$K_2(S)$	Q
1	1	
0	1	
1	0	
0	0	

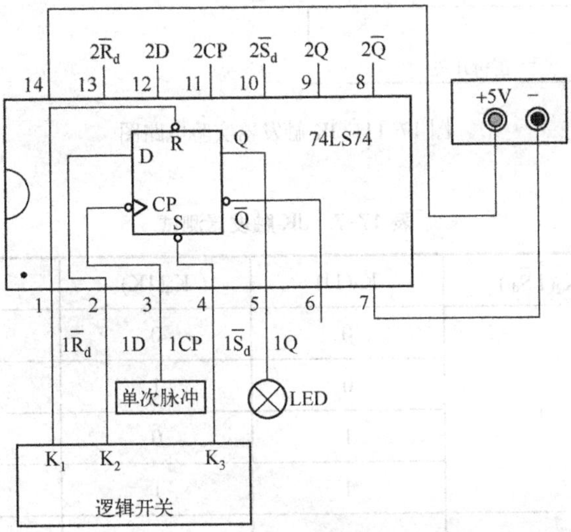

图 17-10　D 触发器实验电路图

表 17-6　D 触发器（74LS74）测试

$K_1(1\overline{R}_d)$	$K_3(1\overline{S}_d)$	$K_2(1D)$	单次脉冲后 1Q 值
0	1	0	
		1	
1	0	0	
		1	
1	1	0	
		1	

3．JK 触发器

用一片 74LS112 双 JK 触发器按图 17-11 连接电路。根据表 17-7 进行置位，测出 1Q 的逻辑状态，填入表 17-7。

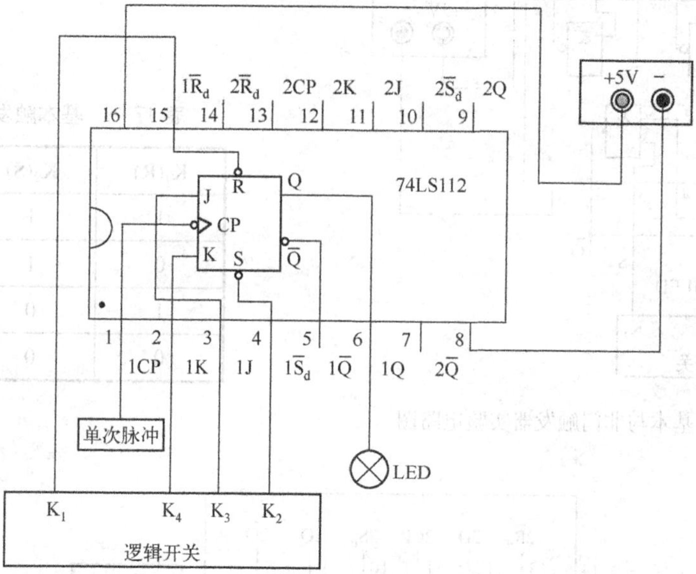

图 17-11　JK 触发器实验电路图

表 17-7　JK 触发器测试

$K_1(1\overline{R}_d)$	$K_2(1\overline{S}_d)$	$K_3(1J)$	$K_4(1K)$	单次脉冲后 1Q 值
0	1	0	0	
		0	1	
		1	0	
		1	1	
1	0	0	0	
		0	1	
		1	0	
		1	1	
1	1	0	0	
		0	1	
		1	0	
		1	1	

4．不同逻辑功能触发器之间的转换

1）JK 触发器转换为 D 触发器

用一片 74LS00 和一片 74LS112 按图 17-12 连接电路。根据表 17-8 进行置位，测出 1Q 的逻辑状态，填入表 17-8。

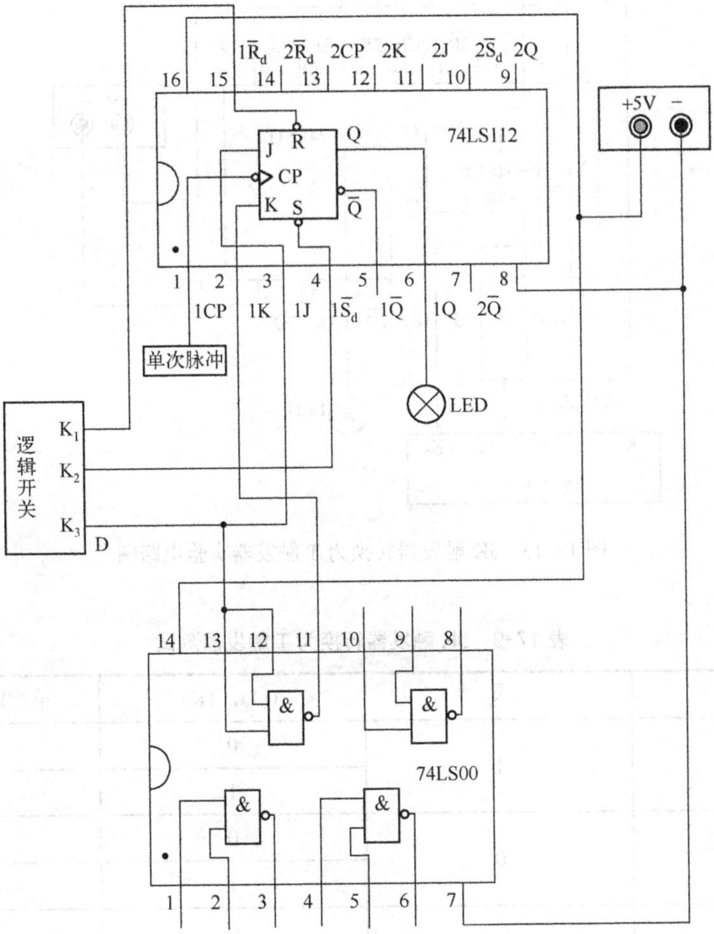

图 17-12　JK 触发器转换为 D 触发器实验电路图

表 17-8　JK 触发器转换为 D 触发器测试

$K_1(1\overline{R}_d)$	$K_2(1\overline{S}_d)$	$K_3(D)$	单次脉冲后 1Q 值
0	1	0	
		1	
1	0	0	
		1	
1	1	0	
		1	

2）JK 触发器转换为 T 触发器

用一片 74LS112 双 JK 触发器按图 17-13 连接电路。根据表 17-9 进行置位，测出 1Q 的逻辑状态，填入表 17-9。

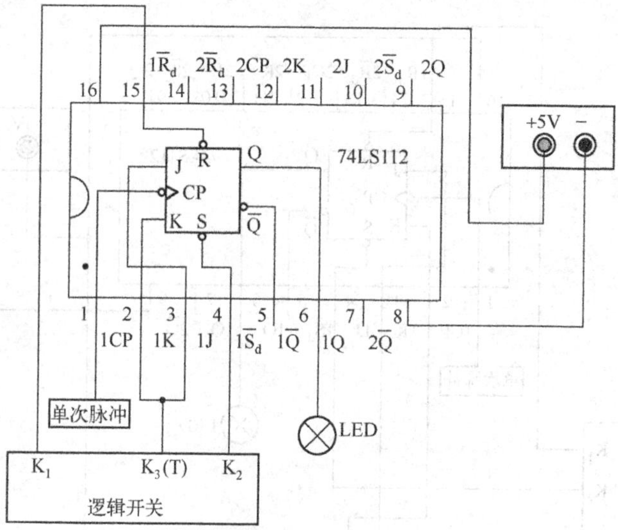

图 17-13　JK 触发器转换为 T 触发器实验电路图

表 17-9　JK 触发器转换为 T 触发器测试

1 $\overline{R}_d$	1 $\overline{S}_d$	T(1J，1K)	单次脉冲后 1Q 值
0	1	0	
		1	
1	0	0	
		1	
1	1	0	
		1	

七、实验报告

（1）整理测试数据，根据测试数据总结实验中各触发器的逻辑功能。

（2）总结 JK 触发器转化为 D 触发器和 T 触发器的方法，并绘出转换电路图。

八、实验思考

（1）如何将 JK 触发器转换为 T′ 触发器？

（2）如何将 D 触发器转换为 T′ 触发器？

实验十八 计 数 器

一、实验目的

（1）掌握计数器电路的设计及测试方法。

（2）进一步熟悉触发器、显示译码器和数码管的使用。

二、实验原理

计数器种类很多，按计数的数制可分为二进制、十进制（最常用的为二-十进制）、任意进制、格雷码等计数器。按计数的顺序可分为加法计数器、减法计数器和可逆计数器（也称加减计数器）。按工作方式可分为同步（计数脉冲直接加到所有触发器的时钟脉冲输入端）计数器和异步（计数脉冲不是直接加到所有触发器的时钟脉冲输入端）计数器两种。同步计数器电路结构复杂，但工作速度快；异步计数器电路结构简单，但工作速度低。本实验研究的是异步计数器。

1．异步二进制加法计数器

异步二进制加法计数器的计数规则（以 4 位二进制为例）如图 18-1 所示。图 18-2 是由 4 个 JK 触发器（两片 74LS112）组成的 4 位异步二进制加法计数器。

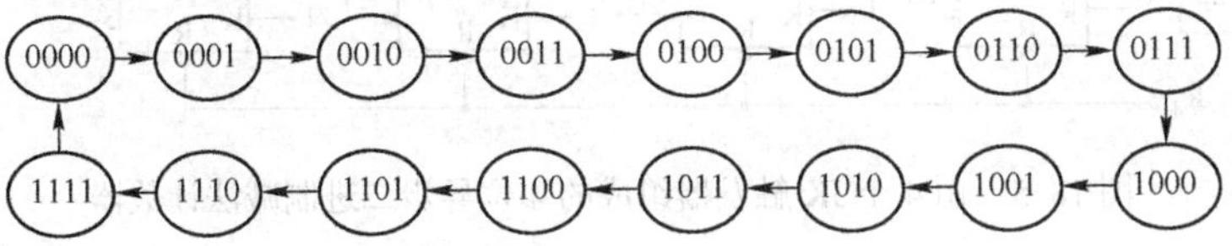

图 18-1　4 位异步二进制加法计数器的计数规则

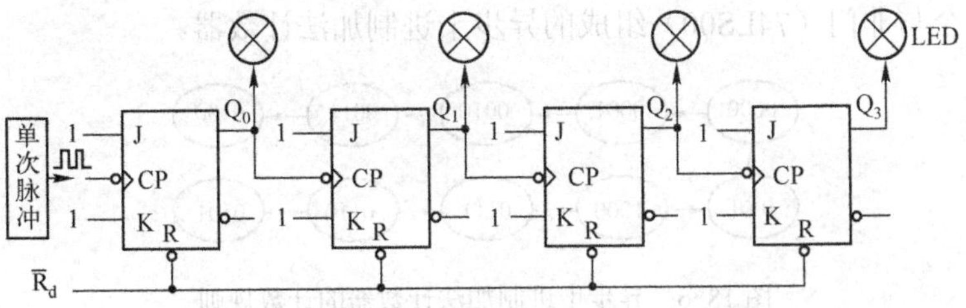

图 18-2　由 4 个 JK 触发器组成的 4 位异步二进制加法计数器

图 18-2 中各触发器 J、K 端置 1，CP 端接单次脉冲（或连续脉冲），$\overline{R}_d$ 端接复位开关。JK 触发器为下降沿触发，故触发脉冲到来时，各触发器将在触发脉冲的下降沿翻转。

图 18-3 是由 4 个 D 触发器（两片 74LS74）组成的 4 位异步二进制加法计数器。D 触发器为上升沿触发，故触发脉冲到来时，各触发器将在触发脉冲的上降沿翻转。

2．异步二进制减法计数器

异步二进制减法计数器的计数规则（以 4 位二进制为例）如图 18-4 所示。其原理类似于加法计数器，只要在图 18-2 所示的加法计数器中将低位触发器的 Q 端接高位触发器 CP 端换成 $\overline{Q}$ 端接高位触发器 CP 端即可。图 18-5 为由 4 个 JK 触发器（两片 74LS112）组成的

4 位二进制异步减法计数器。

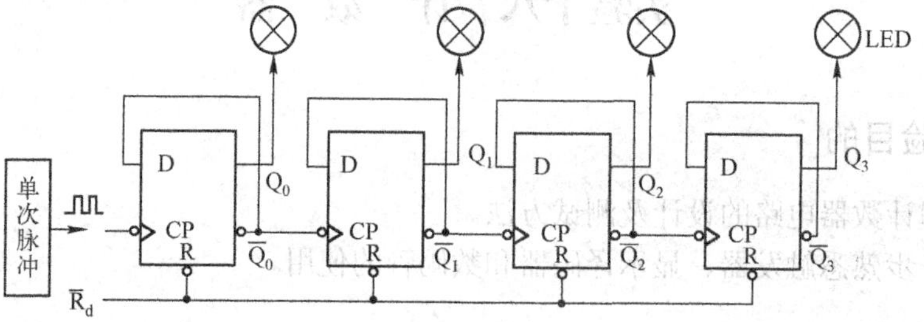

图 18-3　由 4 个 D 触发器组成的 4 位异步二进制加法计数器

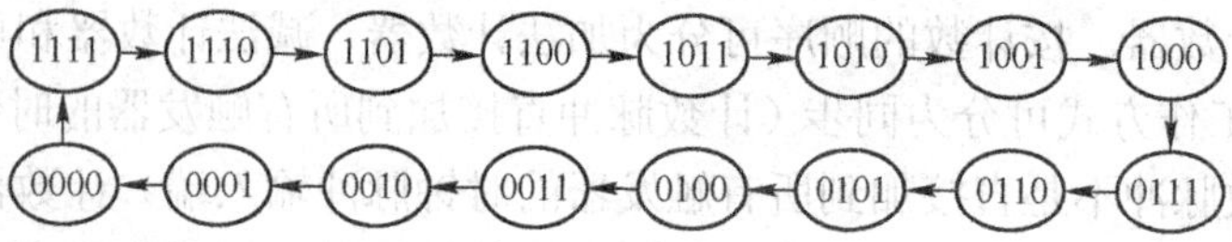

图 18-4　4 位异步二进制减法计数器的计数规则

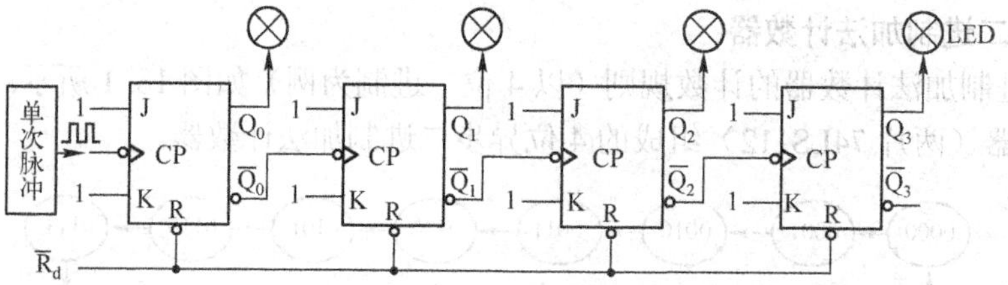

图 18-5　由 4 个 JK 触发器组成的 4 位异步二进制减法计数器

3．异步十进制加法计数器

异步十进制加法计数器的计数规则如图 18-6 所示。图 18-7 是由 4 个 D 触发器（两片 74LS74）和 1 个与非门（74LS00）组成的异步十进制加法计数器。

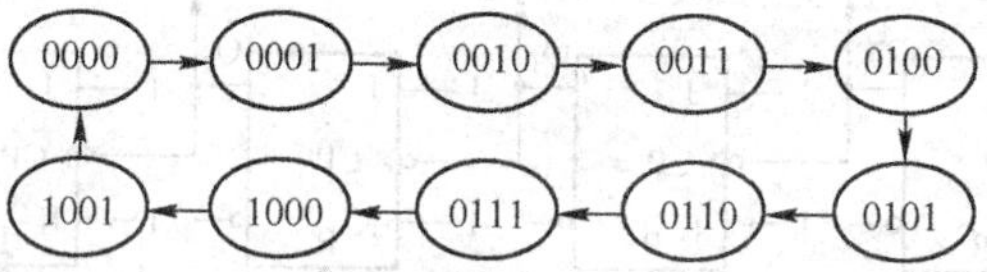

图 18-6　异步十进制加法计数器的计数规则

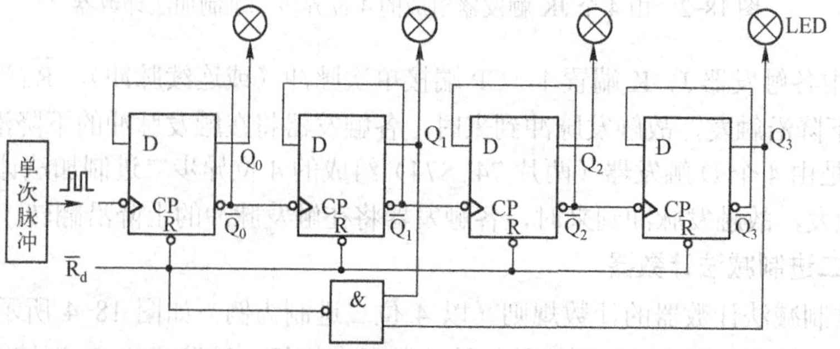

图 18-7　由 4 个 D 触发器和 1 个与非门组成的异步十进制加法计数器

三、实验时数：2 学时

四、实验设备及元器件

数字电路实验箱：1 台
与非门：74LS00　1 片
触发器：74LS74、74LS112　各 2 片
译码器：74LS248　1 片
数码管：LC5011-11　1 只

五、实验预习

（1）熟悉 D 触发器、JK 触发器的工作原理和逻辑功能。
（2）绘出实验内容中各电路的波形图，并给出各自的状态图。
（3）熟悉 74LS74、74LS112、74LS248 和 LC5011-11 的内部结构和引脚排列。

六、实验内容及步骤

1．异步二进制加法计数器

1）用 JK 触发器实现异步二进制加法计数器

用两片 74LS112 双 JK 触发器按图 18-8 连接电路，Q_1～Q_4 接发光二极管，各触发器的 J、K 端置 1，CP 端接单次脉冲，$\overline{R}_d$ 端接复位开关，按复位开关使计数器清零，然后按动单次脉冲，记录 Q_1～Q_4 的状态，填入自拟的表格中。

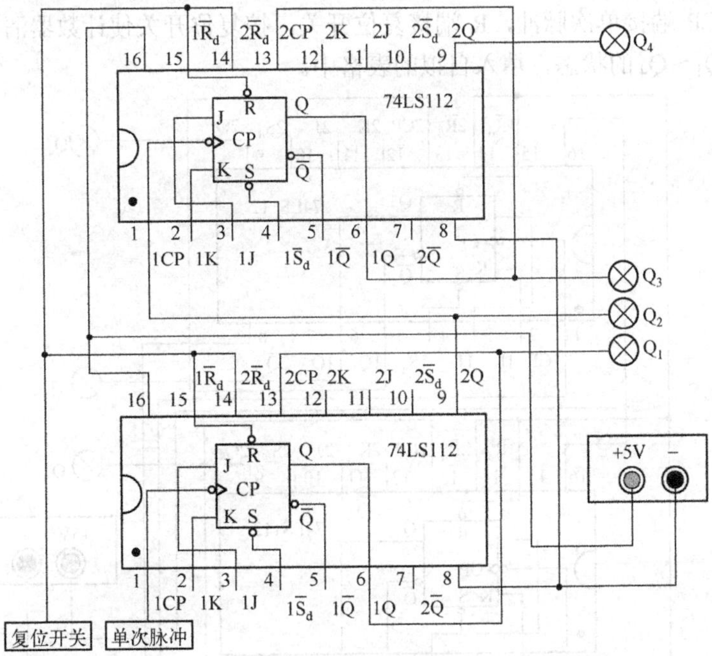

图 18-8　74LS112 双 JK 触发器组成的 4 位异步二进制加法计数器电路图

2）用 D 触发器实现异步二进制加法计数器

用两片 74LS74 双 D 触发器按图 18-9 连接电路，Q_1～Q_4 接发光二极管，CP 端接单次脉

冲，R 端接复位开关，按复位开关使计数器清零，然后按动单次脉冲，记录 Q_1～Q_4 的状态，填入自拟的表格中。

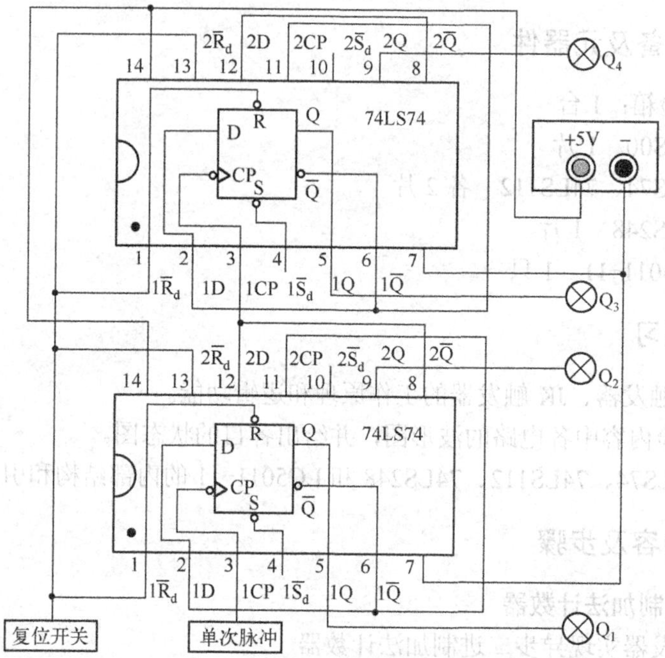

图 18-9　74LS74 双 D 触发器组成的 4 位异步二进制减法计数器电路图

2. 用 JK 触发器实现异步二进制减法计数器

用两片 74LS112 双 JK 触发器按图 18-10 连接电路，Q_1～Q_4 接发光二极管，各触发器的 J、K 端置 1，CP 端接单次脉冲，R 端接复位开关，按复位开关使计数器清零，然后按动单次脉冲，记录 Q_1～Q_4 的状态，填入自拟的表格中。

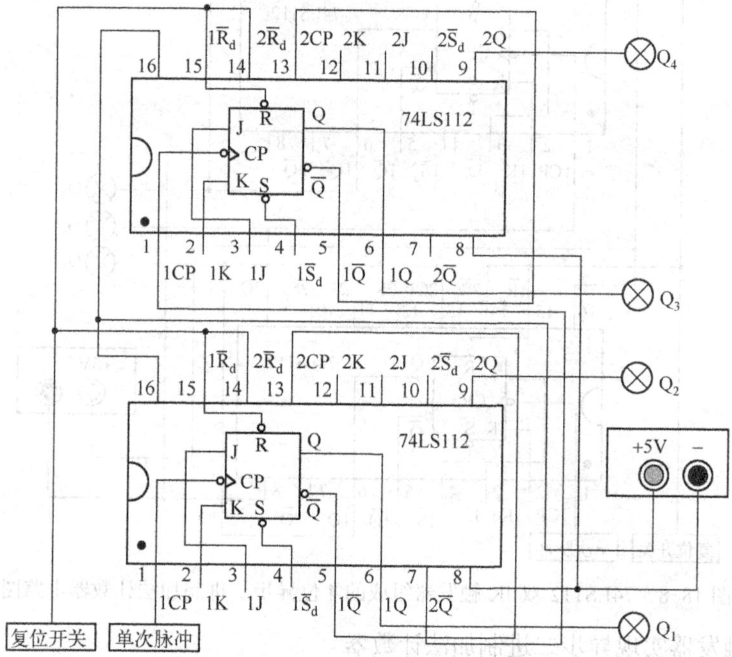

图 18-10　74LS112 双 JK 触发器组成的 4 位异步二进制减法计数器电路图

3. 用 D 触发器实现异步十进制加法计数器

用两片 74LS74 双 D 触发器、一片 74LS00 与非门、一片 74LS248 译码器和一只 LC5011-11 数码管按图 18-11 连接线路，CP 端接单次脉冲，R 端接复位开关，按复位开关使计数器清零，然后按动单次脉冲，记录 Q_1～Q_4 的状态以及数码管显示的数字，填入自拟的表格中。

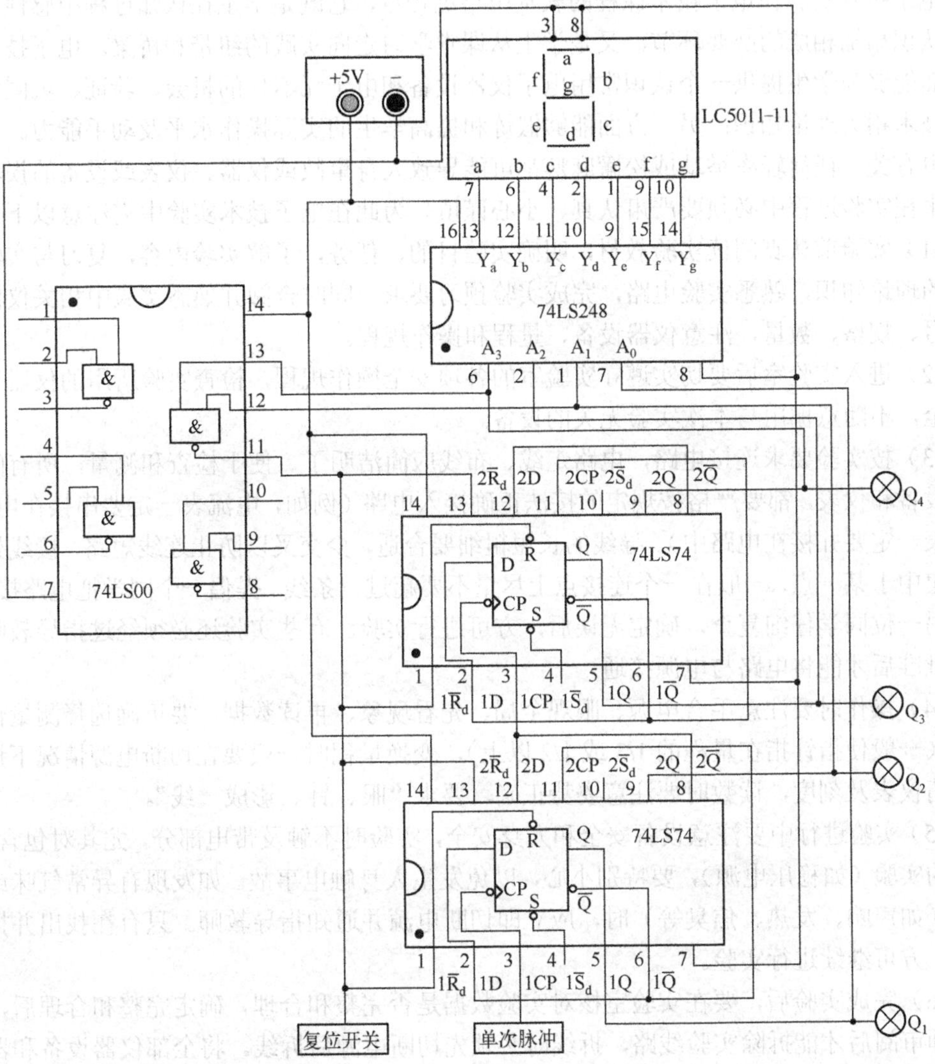

图 18-11　D 触发器组成的异步十进制加法计数器

七、实验报告

（1）画出实验电路图以及单次脉冲触发时各自的状态图和工作波形图。

（2）在自拟的表格中整理各实验电路在单次脉冲触发时的输出状态。

八、实验思考

（1）如何用 D 触发器实现异步二进制减法计数器？

（2）如何用 JK 触发器实现异步十进制加法计数器？

附录A　电子技术实验须知

电子技术实验在电子技术课程的教堂中举足轻重，它既是学生在认知过程中感性认识和理性认识相辅相成的必要环节，又是学生从课堂学习走向实践的纽带和桥梁。电子技术实验一方面能够为学生提供一个认识常用电子仪器设备和电子元器件的机会，验证、巩固和加深电子技术相关理论知识；另一方面能够锻炼和提高学生的实际操作水平及动手能力。由于实验和电有关，任何轻率举动或松懈麻痹都可能导致人身事故或仪器、仪表或设备的损坏，因此学生在实验过程中必须要严肃认真、小心谨慎。为此在电子技术实验中需注意以下事项：

（1）实验前认真阅读实验教材，明确实验目的、任务，了解实验内容，复习与实验内容有关的理论知识，熟悉实验电路，完成实验预习要求。同时查阅并熟悉实验中相关仪器设备的型号、规格、数量，注意仪器设备、量程和操作规程。

（2）进入实验室后要切实遵守实验室的各项安全操作规程，检查实验所用的仪器设备是否齐全，不随意挪用与本次实验无关的设备。

（3）按实验要求连接电路，电路走线、布线应简洁明了、便于检查和测量。所有的实验仪器设备和仪表，都要严格按规定的接法正确接入电路（例如，电流表一定要串接在电路中，电压表一定要并接在电路中）。导线的长短粗细要合适，少交叉以防止连线短路，接线处不宜过于集中于某一点，一般在一个连接点上尽量不要超过三条线。提倡一个同学把电路接好后，同组另一位同学仔细复查，确定无误后，方可进行实验。有些实验还必须经过指导教师的检查和批准后才能将电路与电源接通。

（4）操作时要注意手合电源、眼观全局、先看现象、再读数据。要正确选择测量仪表的量程（一般使指针指在量程的1/3或1/2以上），变换量程时一般要在切断电源情况下操作。要认清仪表及刻度，读数时要注意姿势正确，要求“眼、针、影成一线”。

（5）实验进行中要注意设备安全和人身安全，实验时不触及带电部分，尤其对包含220V市电的实验（如稳压电源），要特别小心，以免发生人身触电事故。如发现有异常气味或危险现象（如声响、发热、焦臭等）时，应立即切断电源并通知指导教师。只有在找出并排除故障后，方可继续进行实验。

（6）完成实验后，要在实验室核对实验数据是否完整和合理，确定完整和合理后，交指导教师审阅后才能拆除实验线路，拆线时必须先切断电源后拆线。将全部仪器设备和器材复归原位，清理好导线和实验环境后方可离开实验室。

附录B　测量误差与数据处理

在任何测量中，由于各种主观因素和客观因素的影响，使测量结果不能完全等于被测量的实际值，而只是它的近似值，这种测量值与被测量的实际值之差叫做测量误差。

一、测量误差的分类

根据测量误差的性质和特征，测量误差可分为系统误差、偶然误差和疏忽误差。

1. 系统误差

系统误差是由于仪表的不完善，使用不恰当，或测量方法采用了近似公式以及外界因素（如温度、电场、磁场）等原因引起的。它遵循一定的规律变化或保持不变。按照误差产生的原因又可分为：

（1）基本误差：基本误差是仪表在正常使用条件下，由于结构上和制造中的缺陷而产生的误差，它为仪表所固有。其主要原因是仪表的活动部分在轴承中的摩擦、游丝的永久变形、零件位置安装不正确、刻度不准确等。

（2）附加误差：它是由于外界因素的变化而产生的。主要原因是仪表没有在正常条件下使用，例如温度和磁场的变化、放置方法不同等。

（3）方法误差：因测量方法不完善或使用仪表的人在读数时因个人习惯不同而造成读数不准确，间接测量时近似计算公式等，都可能造成误差，所有这些误差都叫做方法误差。

2. 偶然误差

偶然误差是由于某些偶然因素所造成的。这些因素产生的原因或是由于目前还不知道，或者还无法掌握。例如，同一电桥对同一电阻进行多次测量，其结果都可能不一样，有的偏大，有的偏小，看起来好像没有什么规律，但把多次测量结果综合起来看，仍是有规律的，由数学理论可知它符合统计规律。

3. 疏忽误差

疏忽误差是由于测量中的疏忽所引起的。由于疏忽所引起的测量结果一般都严重偏离被测量的实际值，如读数错误、记录错误、计算错误或操作方法错误等所造成的误差。

二、测量误差的表示方法

1. 绝对误差

测量值 A_x 和被测量的实际值 A_o 之间的差值叫做绝对误差，用 $\varDelta$ 表示，即

$$\varDelta = A_x - A_o$$

在计算时，可用标准表的指示值作为被测量的实际值。

【例 1】 用一只标准电压表来鉴定甲、乙两只电压表时，读得标准表的指示值为 50V。甲表读数为 51V，乙表读数为 49.5V，求它们的绝对误差。

解： 甲表的绝对误差

$$\varDelta_{甲} = A_x - A_o = 51 - 50 = +1(\text{V})$$

乙表的绝对误差

$$\varDelta_{乙} = A_x - A_o = 49.5 - 50 = -0.5(\text{V})$$

可见，绝对误差有正、负之分，正的表示测量值比实际值偏大，负的表示测量值比实际值偏小。另外，甲表偏离实际值较大，乙表偏离实际值较小，说明乙表的测量值比甲表准确。

所谓准确度，就是与实际值接近的程度。与实际值越接近，准确度越高。从而可以看出，仪表的准确度越高，测量结果越准确。

2．相对误差

数据测量时，不能简单地用绝对误差来判断其准确度。例如，甲表测量 100V 电压时，绝对误差 $\Delta_{甲}$=+1V，乙表测量 10V 电压时，绝对误差 $\Delta_{乙}$=+0.5V，从绝对误差来看，甲表大于乙表。但从仪表误差对测量结果的相对影响来看，却正好相反，因为甲表的误差只占被测量的 1%，而乙表的误差却占被测量的 5%，即乙表误差对测量结果的相对影响更大，所以在工程上通常采用相对误差来衡量测量结果的准确度。相对误差就是绝对误差与被测量的实际值之比，通常用百分数来表示，即

$$\gamma = \Delta / A_0 \times 100\%$$

【例 2】　已知甲表测量 100V 电压时，其绝对误差为 $\Delta_{甲}$=+2V，乙表测量 20V 电压时，其绝对误差为 $\Delta_{乙}$=−1V，试求它们的相对误差。

解：甲表的相对误差　$\gamma_{甲} = \Delta_{甲}/A_{0甲} \times 100\% = (+2)/100 \times 100\% = +2\%$

乙表的相对误差　$\gamma_{乙} = \Delta_{乙}/A_{0乙} \times 100\% = (-1)/20 \times 100\% = -5\%$

可以看出，甲表的准确度高于乙表的准确度。

三、减小或消除测量误差的方法

1．减小系统误差的方法

（1）对仪表进行校正，在测量中引用更正值，减小基本误差。

（2）按照仪表所规定的条件使用，减小方法误差。

（3）采用特殊的方法测量，减小方法误差。例如，替代法，在保持仪表读数不变的条件下，用等值的已知量去代替被测量，这样的测量结果就和测量仪表的误差、外界条件的影响无关。具体地说，比如用电桥测量电阻，先用电桥测量被测电阻，调节桥臂电阻使电桥平衡。然后以标准电阻箱代替被测电阻，调节标准电阻使电桥平衡，这时标准电阻箱上的读数就是被测电阻的阻值。

2．减小偶然误差的方法

从统计学规律看，把同一测量重复多次，取其算术平均值作为被测量的值，即可减小偶然误差，测量次数越多，偶然误差越小；测量次数趋于无穷大，则偶然误差趋于零。

3．消除疏忽误差的方法

由于疏忽误差是明显的错误，比较容易发现，测量后要进行详细的分析。凡是由于疏忽所测量的数据都应抛弃，因为它是不可信的。

四、测量数据的处理

1．有效数字的概念

在记录测量数值时，该用几位数字来表示呢？下面通过一个具体例子来说明。设一个 0～100V 的电压表在两种测量情况下指针的指示结果为：第一次指针指在 76～77 之间，可记作 76.5V。其中数字“76”是可靠的，称为可靠数字，而最后一位数“5”是估计出来的不可靠数字（欠准数字）。两者合称为有效数字。通常只允许保留一位不可靠数字。对于 76.5 这个

数字来说，有效数字是三位。第二次指针指在50V的地方，应记为50.0V，这也是三位有效数字。

数字“0”在数中可能不是有效数字。例如76.5V还可写成0.0765kV，这时前面的两个“0”仅与所用单位有关，不是有效数字，该数的有效数字仍为三位。对于读数末位的“0”不能任意增减，它是由测量设备的准确度来决定的。

2．有效数字的修约规则

当有效数字位数确定后，多数的位数应一律舍去，其修约规则为：

（1）被舍去的第一位数大于5，则舍5进1，即末位数加1。例如，把0.26修约到小数点后一位数，结果为0.3。

（2）被舍去的第一位小于5，则只舍不进，即末位数不变。例如，把0.33修约到小数点后一位数，结果为0.3。

（3）被舍去的第一位数等于5，而5之后的数不全为0，则舍5进1，即末位数加1。例如，把0.6501修约成小数点后一位数，结果为0.7。

（4）被舍去的第一位数等于5，而5之后的数全为0，视前面的数而定，5前面为偶数，则只舍不进，即末位不变；5前面为奇数，则舍5进1，即末位数加1。例如，把0.250和0.350修约到小数点后一位数，结果为0.2和0.4。

3．有效数字的运算规则

处理数字时，常常要运算一些精度不相等的数值。按照一定运算规则计算，既可以提高计算速度，也不会因数字过少而影响计算结果的精度。常用规则如下：

（1）加减运算。

加减运算时各数所保留小数点后的位数，一般取与各数中小数点后面位数最少的相同。例如，13.6、0.056、1.666相加，小数点后最少位数是一位（13.6），所以应将其余二数修正到小数点后一位，然后相加，即13.6+0.1+1.7=15.4，则运算结果应为15.4。

（2）乘除运算。

乘除运算时，各因子及计算结果所保留的位数，一般与小数点位置无关，应以有效数字位数最少项为准，如0.12、1.057和23.41相乘，有效数字位数最少的是二位（0.12），即 $0.12\times1.06\times23.41\approx2.98$，则运算结果应为2.98。

附录C　电路实验中故障检查的一般方法

故障检查与排除是实验基本技能之一，它反映了理论联系实际、分析问题、解决问题的能力，是顺利完成实验的保证。

一、故障检查的基本方法

1．电压测量法

电路在带电情况下，用电压表测量电路中有关点的电位，或某两点之间的电压，根据测量结果分析并找出故障部位。

2．电阻测量法

电路在不带电情况下，用万用表的欧姆挡测量电路的阻值或导线、元件的通/断情况，从而查出故障部位。

在交流电路中，除以上方法外，还有信号寻迹法，即用示波器逐级检测各点的信号波形，从中分析、判断故障的原因及部位，它特别适用于检查电子电路中的故障。

二、电路中的常见故障

在电路实验时，常常遇到开路、短路或参数异常等故障，这些故障通常是由导线断、接触不良、接错线路、错配参数及元器件损坏等原因造成。

故障改变了电路的结构和参数，使电路中的电压、电流异常，器件工作失常。严重时还会熔断熔丝，甚至损坏电路中的元件和设备。有时，还伴有振动、声响、发热和焦臭味等。

三、故障检查的一般步骤

（1）首先了解与故障有关部分电路的结构与特点，对电路在正常情况下的电压、电流、电阻等量值要做到心中有数。

（2）根据故障所产生的现象进行分析、判断、推测可能产生故障的原因、性质以及故障所在区域。

（3）采用适当的方法有目的地查测，最后找出故障所在的具体位置（故障点）。

（4）若根据分析找不到故障，说明判断有误或检查方法不对，应重新分析或更换检测方案。

四、故障的处理

实验时一旦发现故障，应立即切断电源，冷静分析，正确判断，采取有效的检查方法和步骤，迅速查出故障原因并找到故障点，以便及时排除，使电路尽快恢复正常。防止由于处理不当使故障继续扩大，造成不必要的损失。

电路在带电情况下，不会继续扩大故障或造成人身、设备事故的，可以用电压表带电检查故障。否则必须切断电源后用万用表的欧姆挡或其他安全的方法检查。

应当指出，在处理故障之前，应保持现场，切勿随意拆除或改动电路。

附录D　部分仪器功能介绍①

D.1　GOS-6021双踪示波器

示波器是电子测量中一种最常用的仪器，它由示波管、扫描发生器、供电电源三大部分组成。示波管用做示波器的显示器，是示波器的核心部件。扫描发生器为示波管提供线性扫描电压以及实现与外加同步信号的同步。供电电源为示波器各部分电路提供工作电压。

示波器可以将被测信号（电量或非电量转换成的电信号）随时间变化的规律直观形象的用图形表示出来。除此之外，示波器还可以定量地测得信号的一系列参数，如信号的电压、电流、周期、频率、相位等。在测量脉冲信号时，还可以测量脉冲的幅度、上升或下降时间、重复周期等。

一、示波器的基本结构及工作原理

示波器由电子枪、偏转系统和荧光屏三部分组成，被密封在一个抽成真空的玻璃壳里，形成真空器件，其结构如图D-1所示。

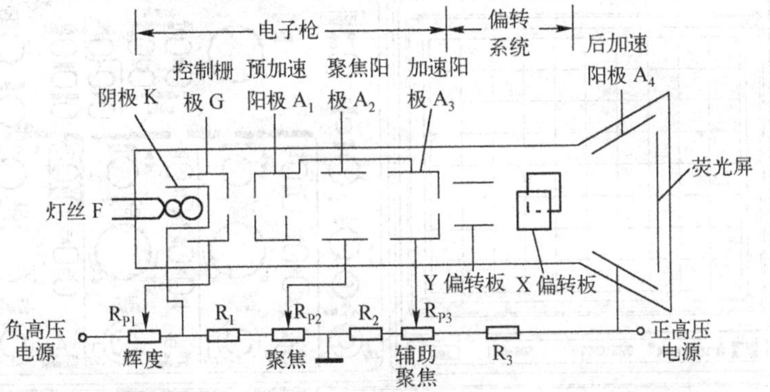

图D-1　示波管的结构

1. 电子枪

电子枪的任务是产生聚集良好、具有一定速度的电子流，让会聚点刚好落在荧光屏上。它由灯丝F、阴极K、控制栅极G、预加速阳极A_1、聚焦阳极A_2和加速阳极A_3组成。阴极K是表面涂有氧化物的圆筒，内有灯丝F。灯丝F通电发热对阴极K加温，使阴极发射电子。控制栅极G是一个金属圆筒，位于阴极前面，其中心有一小孔。从阴极发射出的电子通过小孔成电子束射向荧光屏。栅极上有比阴极负的电位，改变这个电位可以控制射向荧光屏的电子流的强度，从而控制荧光屏上亮点的辉度。在示波器面板上的“辉度”旋钮，实际上就是调节栅极与阴极之间电位差的电位器R_{P1}。预加速阳极A_1是一个与阴极同轴的金属圆筒，加在其上的电压比阴极高数百伏。加速阳极A_3其结构仍为圆筒，加有比A_1更高的正电压。A_1、A_3联合构成强电场，使电子流受到加速，另外由于A_1、A_2、A_3特殊的几何结构形成一个电

① 不同学校采用的仪器设备各不相同，在此介绍本内容的目的仅仅是帮助学生对相关仪器的功能有一个大致的了解和认识，实验时可参照本内容来认识实际使用仪器中各部分的功能。

场，犹如一个电子透镜，使电子流聚焦成细的电子束。示波器上的“聚焦”控制旋钮和“辅助聚焦”控制旋钮就是分别调节聚焦阳极电位的 R_{P2} 和加速阳极电位的 R_{P3}。

2．偏转系统

在加速阳极与荧光屏之间有两对互相垂直的偏转板，分别称为垂直偏转板和水平偏转板。垂直偏转板用来控制电子束上下移动，水平偏转板控制电子束沿水平方向左右移动。

3．荧光屏

荧光屏在内表面涂有荧光粉，当受到电子枪射出的高速电子的轰击时，就会受激发而发光。为了增加光点的亮度，在荧光屏附近还有一个后加速阳极 A_4。可达数千伏至数万伏的电压。为了观察亮点移动的轨迹，要求荧光物质发出的亮点有一定的余辉，以便使亮点的轨迹构成连续曲线。亮点的余辉一般分为极短余辉、短余辉、中余辉和长余辉等，不同余辉的示波管用于观察不同频率（变化速度）的信号。例如，要观察频率高的周期函数的波形宜用短余辉的示波管，而观察频率较低的周期信号宜用余辉较长的示波管。

使用示波器时，要注意不应让光点长时间地停留在某一点，以免损坏荧光物质并形成黑斑。

二、GOS-6021 双踪示波器各旋钮功能

GOS-6021 双踪示波器的前、后面板示意图分别如图 D-2、图 D-3 所示。

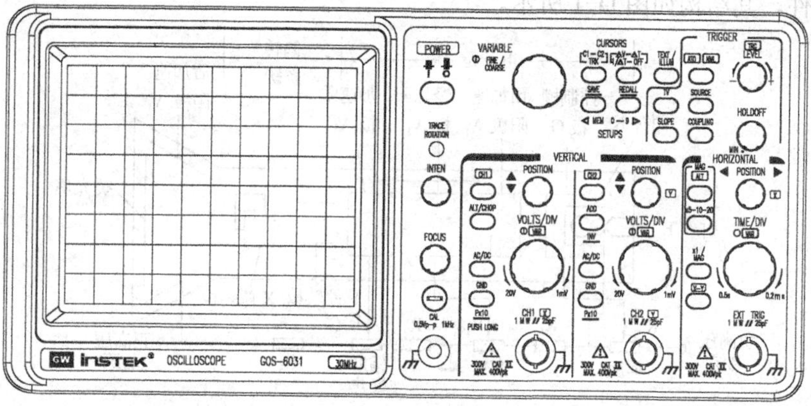

图 D-2　GOS-6021 双踪示波器的前面板示意图

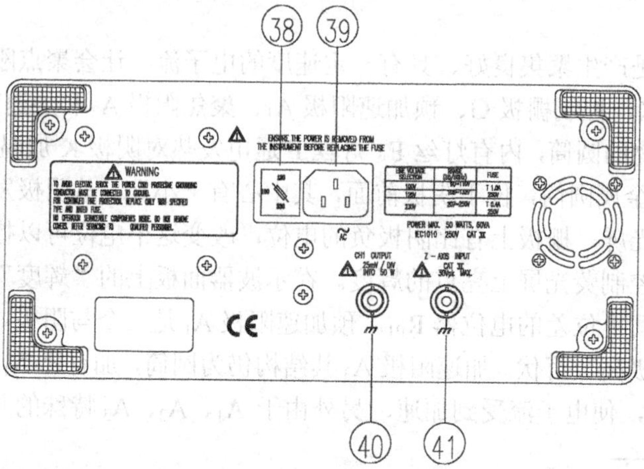

图 D-3　GOS-6021 双踪示波器的后面板示意图

打开电源后，所有的主要面板设定都会显示在屏幕上，LED 位于前面板用于辅助和指示附加资料的操作。对于不正确的操作、或将控制钮转到底时，蜂鸣器都会发出警告。所有的旋钮、TIME/DIV 控制钮都是电子式选择，它们的功能和设定都可以被存储。

前面板可以分成四大部分：显示器控制、垂直控制、水平控制和触发控制。

1. 显示器控制

显示器控制钮调整屏幕上的波形，提供探棒补偿的信号源，其旋钮如图 D-4 所示。

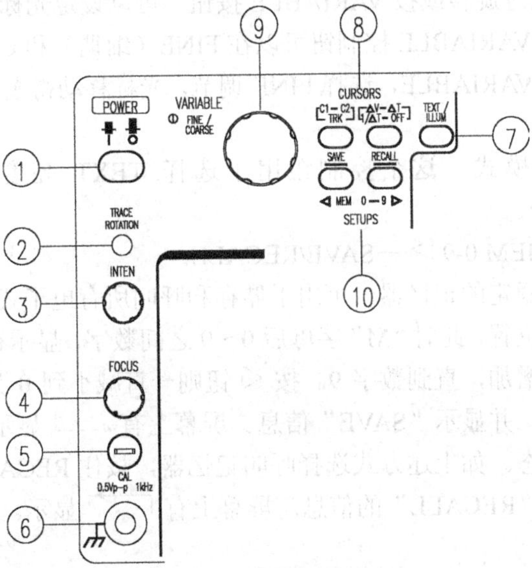

图 D-4　显示器控制钮

（1）POWER：电源接通时，屏幕上 LED 全部会亮，过一会儿，一般的操作程序会显示，然后执行上次开机前的设定，LED 显示进行中的状态。

（2）TRACE ROTATION：是使水平轨迹与刻度线成平行的调整钮，这个电位器可用小螺钉来调整。

（3）INTEN：用于调节波形轨迹亮度，顺时针方向调整增加亮度，逆时针方向减低亮度。

（4）FOCUS：聚焦控制钮，用于调节光迹的清晰度。

（5）CAL：此端子输出一个 0.5V_{P-P}、1kHz 的参考信号，给探棒使用。

（6）地线连接口，此接口还可用做直流的参考电位和低频信号的测量。

（7）TEXT/ILLUM：具有双重功能的控制钮，用于选择 TEXT 读值亮度功能和刻度亮度功能。以“TEXT”或“ILLUM”显示。

（8）CURSORS：实现光标测量功能，包括两个按钮。

① △V－△T－1/△T－OFF 按钮。

当此按钮按下时，三个测量功能将以下面的次序选择。

△V：出现两个水平光标，根据 VOLTS/DIV 的设置，可计算两条光标之间的电压。△V 显示在 CRT 上部。

△T：出现两个垂直光标，根据 TIME/DIV 设置，可计算出两条垂直光标之间的时间，△T 显示在 CRT 上部。

1/△T：出现两个垂直光标，根据 TIME/DIV 设置，可计算出两条垂直光标之间时间的倒数，1/△T 显示在 CRT 上部。

② C1－C2—TRK 按钮。

光标 1 和 2 的轨迹可由此钮选择，按此钮将以下面次序选择光标。

C1：使光标 1 在 CRT 上移动（▽ 或 ▷ 符号被显示）

C2：使光标 2 在 CRT 上移动（▽ 或 ▷ 符号被显示）

TRK：同时移动光标 1 和 2，保持两个光标的间隔不变。

（9）VIRABLE：通过旋转或按 VARIABLE 按钮，可以设定光标位置，TEXT/ILLUM 功能。在光标模式中，按 VARIABLE 控制钮可以在 FINE（细调）和 COARSE（粗调）之间选择光标位置，如果旋转 VARIABLE，选择 FINE 调节，光标移动得慢，选择 COARSE 光标移动得快。

在 TEXT/ILLUM 模式，这个控制钮用于选择 TEXT 亮度和刻度亮度，请参考 TEXT/ILLUM（7）部分。

（10）SETUPS ◁ MEM 0-9 ▷ --SAVE/RECALL：

此仪器包含 10 组稳定的记忆器，可用于储存和呼叫所有电子式选择钮的设定状态。按下 ◁ 或 ▷ 钮选择记忆位置，此时“M”字母后 0～9 之间数字，显示存储位置。每按一下 ▷，储存位置的号码会一直增加，直到数字 9。按 ◁ 钮则一直减小到 0 为止。按住 SAVE 约 3s 钟将状态存储到记忆器，并显示“SAVE”信息。屏幕上有←┘显示。

呼叫先前的设定状态。如上述方式选择呼叫记忆器，按住 RECALL 钮 3s 钟，即可呼叫先前设定状态。并显示“RECALL”的信息。屏幕上有┌→ 显示。

2．垂直控制

垂直控制按钮选择输出信号及控制幅值，其旋钮如图 D-5 所示。

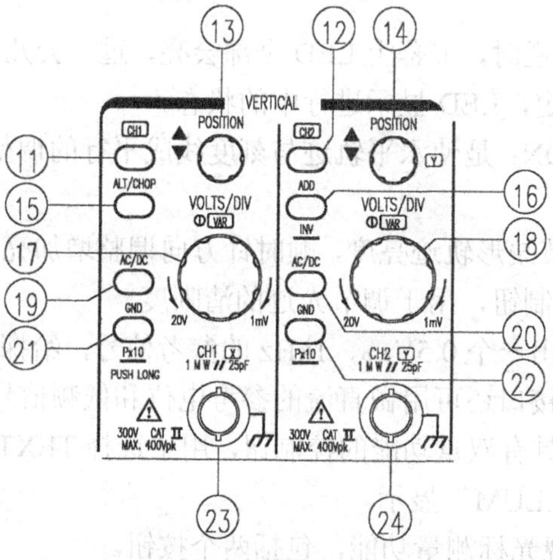

图 D-5　垂直控制按钮

（11）CH1 按钮。快速按下 CH1 按钮，通道 1 处于导通状态，偏转系数将以读值方式显示。

（12）CH2 按钮。快速按下 CH2 按钮，通道 2 处于导通状态，偏转系数将以读值方式显示。

（13）POSITION：CH1 波形垂直方向位置按钮。

（14）POSITION：CH2 波形垂直方向位置按钮。X-Y 模式中，CH2 POSITION 可用来调节 Y 轴信号偏转灵敏度。

（15）ALT/CHOP：这个按钮有多种功能，只有两个通道都开启后，才有作用。

ALT——在读出装置交替显示通道的扫描方式。在仪器内部每一时基扫描后，切换至 CH1 或 CH2；反之亦然。

CHOP——切割模式的显示。每一扫描期间，不断于 CH1 和 CH2 之间做切割扫描。

（16）ADD-INV：ADD——读出装置显示“+”号表示相加模式。输入信号相加或是相减的显示由相位关系和 INV 的设定决定，两个信号将成为一个信号显示。为使测试正确，两个通道的偏向系数必须相等。

INV——按住此钮一段时间，设定 CH2 反向功能的开/关，反向状态将会于读出装置上显示“↓”号。反向功能会使 CH2 信号反向 180°显示。

（17）VOLTS/DIV：CH1 通道幅度量程控制按钮，按住 VAR 钮一段时间将开启 CH1 通道的 VOLTS/DIV 控制功能。

（18）VOLTS/DIV：CH2 通道幅度量程控制按钮，按住 VAR 钮一段时间将开启 CH2 通道的 VOLTS/DIV 控制功能。

（19）AC/DC：CH1 通道交流或直流耦合方式选择。

（20）AC/DC：CH2 通道交流或直流耦合方式选择。

（21）、（22）GND—Px10：

GND：按一下此钮，使垂直放大器的输入端接地，接地符号“⏚”显示在读出装置上。

Px10：按一下此钮一段时间，取 1∶1 和 10∶1 之间的读出装置的通道偏向系数，10∶1 的电压探棒以符号表示在通道前（如“P10”，CH1），在进行光标电压测量时，会自动包括探棒的电压因素，如果 10∶1 衰减探棒不使用，符号不起作用。

（23）CH1 [X]：BNC 插座，其作为 CH1 信号的输入，在 X-Y 模式，此输入信号是 X 轴偏移，为安全起见，此端子外部接地端直接连到仪器接地点，而此接地端也是连接到电源插座。

（24）CH1 [Y]：BNC 插座，其作为 CH2 信号的输入。在 X-Y 模式时信号为 Y 轴的偏移，为安全起见，此端子接地端也连到电源插座。

3．水平控制

水平控制可选择时基操作模式和调节水平刻度，位置和信号的扩展。水平控制旋钮如图 D-6 所示。

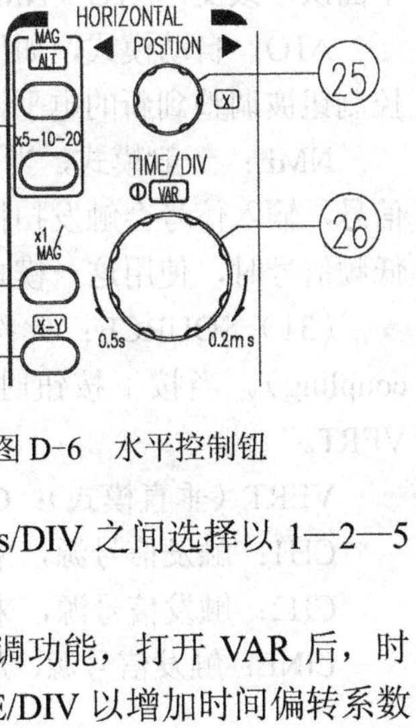

图 D-6　水平控制钮

（25）POSITION：此控制钮可将信号以水平方向移动，与 MAG 功能合并使用，可移动屏幕上任何信号。在 X-Y 模式中，控制钮调整 X 轴偏转灵敏度。

（26）TIME/DIV-VAR：以 1—2—5 的顺序递减时间偏向系数，反方向旋转则递增其时间偏向系数。时间偏向系数会显示在读出装置上。

在主时基模式时，如果 MAG 不动作，可在 0.5s/DIV 和 0.2μs/DIV 之间选择以 1—2—5 顺序的时间常数偏向系数。

VAR：按住此钮一段时间选择 TIME/DIV 控制钮为时基或可调功能，打开 VAR 后，时间的偏向系数是校正的，直到进一步调整，反时针方向旋转 TIME/DIV 以增加时间偏转系数

（降低速度），偏向系数为非校正的，目前的设定以“>”符号显示在读出装置中。

（27）X-Y：按住此钮一段时间，仪器可作为 X-Y 示波器用。X-Y 符号将取代时间偏向系数显示在读出装置上。在这个模式中，在 CH1 输入端加入 X（水平）信号，CH2 输入端加入 Y（垂直）信号。Y 轴偏向系数范围为 1mV～20V/DIV，带宽：500kHz。

（28）×1/MAG：按下此钮，将在×1（标准）和 MAG（放大）之间选择扫描时间，信号波形将会扩展（如果用 MAG 功能），因此，只一部分信号波形将被看见，调整 H POSITION 可以看到信号中要看到的部分。

（29）MAG：当×5-10-20 处于放大模式时，波形向左右方向扩展，显示在屏幕中心。有三个挡次的放大率×5- ×10- ×20 MAG。

按下 ALT 钮，可以同时显示原始波形和放大波形。放大扫描波形在原始波形下面 3DIV（格）距离处。

4．触发控制

触发控制决定两个信号及双轨迹的扫描起点。控制旋钮如图 D-7 所示。

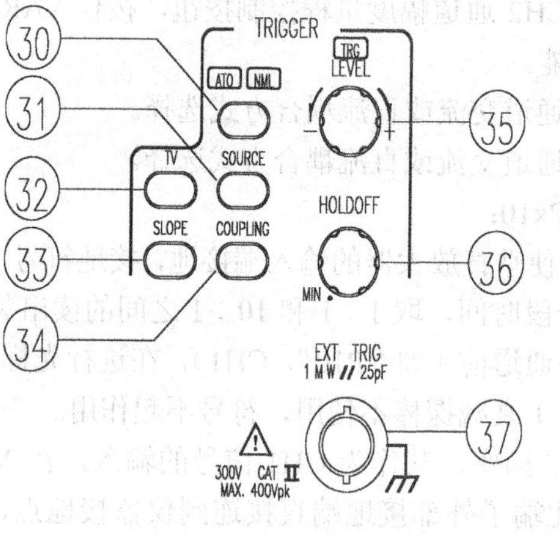

图 D-7　触发控制钮

（30）ATO NML：此按钮用于选择自动或一般触发模式。每按一次控制钮，触发模式依下面次序改变：ATO—NML—ATO

ATO：自动模式，如果没有触发信号，时基线会自动扫描轨迹，只有 TRIGGER LEVEL 控制钮被调整到新的电平设定时触发电平才会改变。

NML：一般模式，当 TRIGGER LEVEL 控制钮设定在信号峰值间的范围有足够的触发信号，输入信号会触发扫描，当信号未被触发，就不会显示时基线轨迹。当使同步信号变成低频信号时，使用这一模式（25Hz 或更少）。

（31）SOURCE：此按钮选择触发信号源，实际的设定由直读显示（SOURCE,Slope, coupling）。当按下按钮时，触发源以下列顺序改变：VERT—CH1—CH2—LINE—EXT—VERT。

VERT（垂直模式）：CH1 和 CH2 上的信号轮流改变。

CH1：触发信号源，来自 CH1 的输入端。

CH2：触发信号源，来自 CH2 的输入端。

LINE：触发信号源，从交流电源取样波形获得。对显示与交流电源频率相关的波形极有帮助。

EXT：触发信号源从外部连接器输入，作为外部触发源信号。

（32）TV：选择视频同步信号的按钮，即从混合波形中分离出视频同步信号，直接连接到触发电路，由TV按钮选择水平或混合信号，当前设定以（SOURSE,VIDEO，POLARITY,TVV或者 TVH）显示。当按钮按下时视频同步信号以下列次序改变。TV-T—TV-H—OFF—TV-V。

TV-V：主轨迹始于视频图场的开端，Slope 的极性必须配合复合视频信号的极性（˥˩˥为负极性）以便触发 TV 信号场的垂直同步脉冲。

TV-H：主轨迹始于视频图线的开端。Slope 的极性必须配合复合视频信号的极性，以便触发在电视图场的水平同步脉冲。

（33）SLOPE：触发斜率选择按钮。按一下此按钮选择信号的触发斜率以产生时基。每按一下此钮，斜率方向会从下降沿移动到上升沿；反之亦然。

此设定在“SOURCE,SLOPE,COUPLING”状态下显示在读出装置上。如果在 TV 触发模式中，只有同步信号是负极性，才可同步。˥˩˥符号显示在读出装置上。

（34）COUPLING：按下此钮选择触发耦合，实际的设定由读出显示。（SOURCE,SLOPE,COUPLING），每次按下此钮，触发耦合以下列次序改变 AC—HFR—LFR—AC。

AC：将触发信号衰减到频率在 20Hz 以下，阻断信号中的直流部分，交流耦合对有大的直流偏移的交流波形的触发很有帮助。

HFR（High Frequency Reject）：将触发信号中 50kHz 以上的高频部分衰减，HFR 耦合提供低频成分复合波形的稳定显示，并对除去触发信号中干扰有帮助。

LFR（Low Frequency Reject）：将触发信号中 30kHz 以下的低频部分衰减，并阻断直流成分信号。LFR 耦合提供高频成分复合波形的稳定显示，并对除去低频干扰或电源杂音干扰有帮助。

（35）TRG LEVEL：旋转此控制钮可以输入一个不同的触发信号（电压），设定在适合的触发位置，开始波形触发扫描。触发电平的大约值会显示在读出装置上。顺时针调整控制钮，触发点向触发信号正峰值移动，反时针则向负峰值移动，当设定值超过观测波形的变化部分，稳定的扫描将停止。

（36）HOLD-OFF：当信号波形复杂，使用 TRIGGER LEVEL（35）不可获得稳定的触发，旋转此钮可以调节 HOLD-OFF 时间（禁止触发周期超过扫描周期）。当此钮顺时针旋转到头时，HOLD-OFF 周期最小，反时针旋转时，HOLD-OFF 周期增加。

（37）EXT TRIG：外部触发信号的输入端 BNC 插头。按 TRIG SOURCE（31）按钮，一直到“EXT,SLOPE,COUPLING”出现在读出装置中。外部连接端被连接到仪器地端，因而和安全地线相连。

（38）电源电压选择器以及输入端熔丝座。

（39）交流电源输入端子。

（40）CH1 OUTPUT：CH1 输出端口：输出端子连接到频率计数器或其他仪器。

（41）Z-AXIS INPUT：Z 轴输入端，连接外部信号到 Z 轴放大器，调节 CRT 的亮度，此端子为直流耦合。输入正信号，减低亮度，输入负信号，增加亮度。

D.2　YB1602 型函数信号发生器

YB1602 型函数信号发生器具有输出正弦波、方波、三角波、脉冲波、斜波和 50Hz 正弦波信号的功能，同时具有频率计的功能。其前、后面板图分别如如图 D-8、图 D-9 所示，各旋钮功能如下。

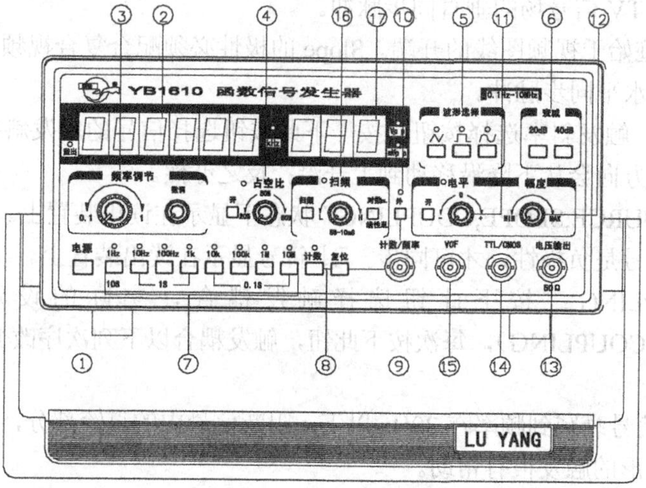

图 D-8　YB1602 型信号发生器的前面板图

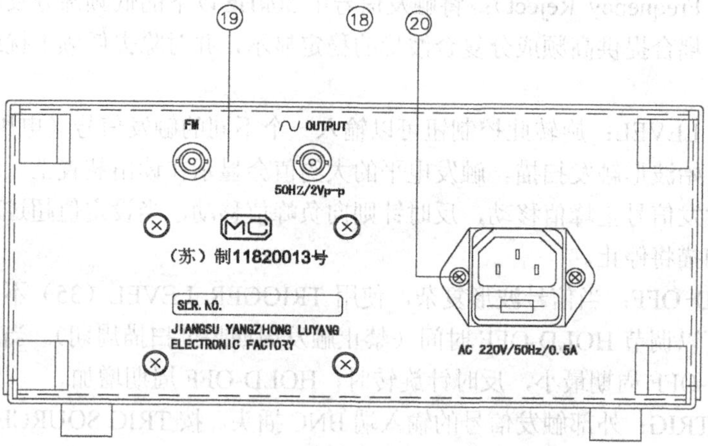

图 D-9　YB1602 型信号发生器的后面板图

（1）电源开关（POWER）：将电源开关按键弹出即为“关”位置，将电源线接入，按电源开关，以接通电源。

（2）LED 显示窗口：此窗口指示输出信号的频率，当“外测”开关按入，显示外测信号的频率。如超出测量范围，溢出指示灯亮。

（3）频率调节旋钮（FREQUENCY）：调节此旋钮改变输出信号频率，顺时针旋转，频率增大，逆时针旋转，频率减小，微调旋钮可以微调频率。

（4）占空比（DUTY）：占空比开关，占空比调节旋钮，将占空比开关按入，占空比指示灯亮，调节占空比旋钮，可改变波形的占空比。

（5）波形选择开关（WAVE　FORM）：按对应波形的某一键，可选择需要的波形。

（6）衰减开关（ATTE）：电压输出衰减开关，二挡开关组合为20dB、40dB、60dB。

（7）频率范围选择开关（频率计闸门开关）：根据所需的频率，按其中一键。

（8）复位开关：按计数键，LED显示开始计数，按复位键，LED显示全为0。

（9）计数/频率端口：计数、外测频率输入端口。

（10）外测频开关：此开关按入，LED显示窗显示外测信号频率或计数值。

（11）电平调节：按入电平调节开关，电平指示灯亮，此时调节电平调节旋钮，可改变直流偏置电平。

（12）幅度调节旋钮（AMPLITUDE）：顺时针调节此旋钮，增大电压输出幅度。逆时针调节此旋钮可减小电压输出幅度。

（13）电压输出端口（VOLTAGE OUT）：电压输出由此端口输出。

（14）TTL/CMOS输出端口：由此端口输出TTL/CMOS信号。

（15）VCF：由此端口输入电压控制频率变化。

（16）扫频：按入扫频开关，电压输出端口输出信号为扫频信号，调节速率旋钮，可改变扫频速率，改变线性/对数开关可产生线性扫频和对数扫频。

（17）电压输出指示：3位LED显示输出电压值，输出接50Ω负载时应将读数÷2。

（18）50Hz/2V_{P-P}正弦波输出端口：50Hz约2V_{P-P}正弦波由此端口输出。

（19）调频（FM）输入端口：外调频波由此端口输入。

（20）交流电源220V输入插座。

D.3　XJ4810晶体管特性测试仪

晶体管特性测试仪可以测试晶体三极管（NPN型和PNP型）的共发射极、共基极电路的输入特性、输出特性；测试各种反向饱和电流和击穿电压，还可以测量场效管、稳压管、二极管、单结晶体管、晶闸管等器件的各种参数。

XJ4810型晶体管特性测试仪面板如图D-10所示，各按钮功能如下：

（1）集电极电源极性按钮，极性可按面板指示选择。

（2）集电极峰值电压熔丝：1.5A。

（3）峰值电压%：峰值电压可在0～10V、0～50V、0～100V、0～500V之连续可调，面板上的标称值是近似值，参考用。

（4）功耗限制电阻：它是串联在被测管的集电极电路中，限制超过功耗，也可作为被测半导体管集电极的负载电阻。

（5）峰值电压范围：分0～10V/5A、0～50V/1A、0～100V/0.5A、0～500V/0.1A四挡。当由低挡改换高挡观察半导体管的特性时，须先将峰值电压调到零值，换挡后再按需要的电压逐渐增加，否则容易击穿被测晶体管。

AC挡的设置专为二极管或其他元件的测试提供双向扫描，以便能同时显示器件正反向的特性曲线。

（6）电容平衡：由于集电极电流输出端对地存在各种杂散电容，都将形成电容性电流，因而在电流取样电阻上产生电压降，造成测量误差。为了尽量减小电容性电流，测试前应调节电容平衡，使容性电流减至最小。

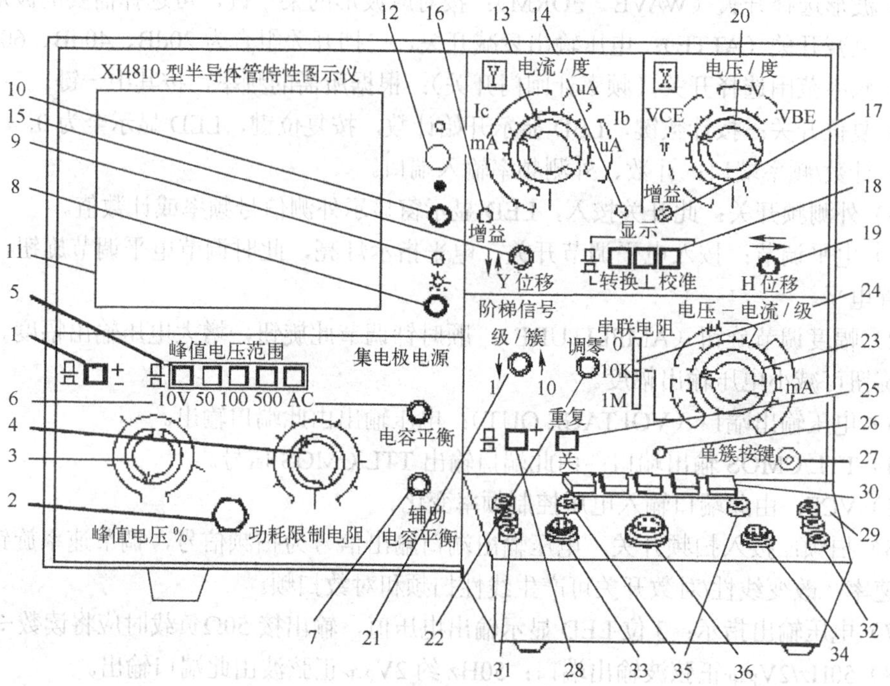

图 D-10　XJ4810 型半导体管特性图示仪

（7）辅助电容平衡：是针对集电极变压器次级绕组对地电容的不对称，而再次进行电容平衡调节。

（8）电源开关及辉度调节：旋钮拉出，接通仪器电源，旋转旋钮可以改变示波管光点亮度。

（9）电源指示：接通电源时灯亮。

（10）聚焦旋钮：调节旋钮可使光迹最清晰。

（11）荧光屏幕：示波管屏幕，外有坐标刻度片。

（12）辅助聚焦：与聚焦旋钮配合使用。

（13）Y 轴选择（电流/度）开关：具有 22 挡四种偏转作用的开关。可以进行集电极电流、基极电压、基极电流和外接的不同转换。

（14）电流/度×0.1 倍率指示灯：灯亮时，仪器进入电流/度×0.1 倍工作状态。

（15）垂直移位及电流/度倍率开关：调节迹线在垂直方向的移位。旋钮拉出，放大器增益扩大 10 倍，电流/度各挡 I_C 标值×0.1，同时指示灯 14 亮。

（16）Y 轴增益：校正 Y 轴增益。

（17）X 轴增益：校正 X 轴增益。

（18）显示开关：分转换、接地和校准三挡，其作用是：

① 转换：使图像在 I、III象限内相互转换，便于由 NPN 型管转测 PNP 型管时简化测试操作。

② 接地：放大器输入接地，表示输入为零的基准点。

③ 校准：按下校准键，光点在 X、Y 轴方向移动的距离刚好为 10°，以达到 10° 校

正目的。

（19）X轴移位：调节光迹在水平方向的移位。

（20）X 轴选择（电压/度）开关：可以进行集电极电压、基极电流、基极电压和外接四种功能的转换，共17挡。

（21）"级/簇"调节：在0～10的范围内可连续调节阶梯信号的级数。

（22）调零旋钮 ：测试前，应首先调整阶梯信号的起始级零电平的位置。当荧光屏上已观察到基极阶梯信号后，按下测试台上选择按键"零电压"，观察光点停留在荧光屏上的位置，复位后调节零旋钮，使阶梯信号的起始级光点仍在该处，这样阶梯信号的零电位即被准确校正。

（23）阶梯信号选择开关：可调节每级电流大小注入被测管的基极，作为测试各种特性曲线的基极信号源，共22挡。一般选基极电流/级，当测场效应管时选用基极源电压/级。

（24）串联电阻开关：当阶梯信号选择开关置于电压/级的位置时，串联电阻将串联在被测管的输入电路中。

（25）重复—关按键：弹出为重复，阶梯信号重复出现；按下为关，阶梯信号处于待触发状态。

（26）阶梯信号待触发指示灯：重复按键按下时灯亮，阶梯信号进入待触发状态。

（27）单簇按键开关：单簇按动作用是使预先调整好的电压（电流）/级，出现一次阶梯信号后回到等待触发位置，因此可用它瞬间作用的特性来观察被测管的各种极限特性。

（28）极性按键：极性的选择取决于被测管的特性。

（29）测试台：其结构如图D-11所示。

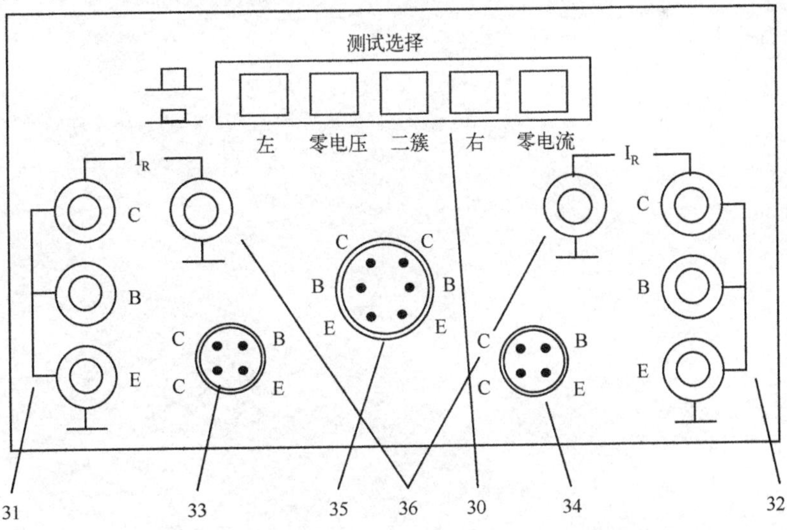

图D-11　XJ4810型半导体管特性图示仪测试台

（30）测试选择按键：

①"左"、"右"、"二簇"：可以在测试时任选左右两个被测管的特性，当置于"二簇"时，即通过电子开关自动地交替显示左右二簇特性曲线，此时"级/簇"应置适当位置，以利于观察。二簇特性曲线比较时，请不要误按单簇按键。

②"零电压"键：按下此键用于调整阶梯信号的起始级在零电平的位置。

③“零电流”键：按下此键时被测管的基极处于开路状态，即能测量 I_{CEO} 特性。

（31）、（32）左右测试插孔：插上专用插座（随机附件），可测试 F_1、F_2 型管座的功率晶体管。

（33）、（34）、（35）晶体管测试插座。

（36）二极管反向漏电流专用插孔（接地端）。

在仪器右侧板上分布有图 D-12 所示的旋钮和端子：

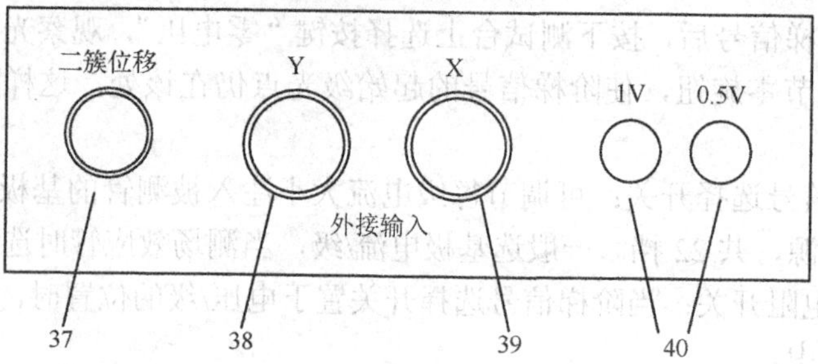

图 D-12　XJ4810 型半导体管特性图示仪右侧板

（37）二簇移位旋钮：在二簇显示时，可改变右簇曲线的位置，更方便于配对晶体管各种参数的比较。

（38）Y 轴信号输入：Y 轴选择开关置外接时，Y 轴信号由此插座输入。

（39）X 轴信号输入：X 轴选择开关置外接时，X 轴信号由此插座输入。

（40）校准信号输出端：1V、0.5V 校准信号由此二孔输出。